Rheinisch-Westfälische Akademie der Wissenschaften

Geisteswissenschaften Vorträge · G 286

Herausgegeben von der
Rheinisch-Westfälischen Akademie der Wissenschaften

ANDREAS HILLGRUBER

Alliierte Pläne für eine „Neutralisierung" Deutschlands 1945–1955

Westdeutscher Verlag

310. Sitzung am 18. März 1987 in Düsseldorf

CIP-Kurztitelaufnahme der Deutschen Bibliothek

Hillgruber, Andreas:
Alliierte Pläne für eine „Neutralisierung" Deutschlands 1945-1955 / Andreas Hillgruber. - Opladen: Westdeutscher Verlag, 1987.
(Vorträge / Rheinisch-Westfälische Akademie der Wissenschaften: Geisteswissenschaften; G 286)

ISBN-13: 978-3-531-07286-9 e-ISBN-13: 978-3-322-85359-2
DOI: 10.1007/978-3-322-85359-2

NE: Rheinisch-Westfälische Akademie der Wissenschaften (Düsseldorf): Vorträge / Geisteswissenschaften

Herstellung: Westdeutscher Verlag
Satz, Druck und buchbinderische Verarbeitung: Boss-Druck, Kleve

Auf dem Höhepunkt der von Chruschtschows „Ultimatum“ ausgelösten zweiten großen Berlin-Krise fragte im Februar 1959 der damalige Regierende Bürgermeister von Berlin, Willy Brandt, bei einem Besuch in Washington den amerikanischen Außenminister John Foster Dulles nach der Möglichkeit eines „Sonderstatus für Deutschland“ in Europa. Dessen Antwort – der Erinnerung Brandts zufolge „mit einiger Kälte“ geäußert – lautete: „Die Russen und wir mögen uns über tausend Dinge uneinig sein. Doch über eines gibt es zwischen uns keine Meinungsverschiedenheit: Wir werden es nicht zulassen, daß ein wiedervereinigtes, bewaffnetes Deutschland im Niemandsland zwischen Ost und West umherirrt.“[1] Ist damit die für die Geschichte der deutschen Nation in der zweiten Hälfte des 20. Jahrhunderts fundamentale Frage schon abschließend beantwortet, ob es in der Zeit nach 1945, nach der totalen Katastrophe des Hitler-Reiches, nachdem sich die von Ost und West vordringenden Heere der Roten Armee und der westalliierten Expeditionsstreitkräfte etwa in der Mitte Deutschlands getroffen hatten, nicht doch noch reale Möglichkeiten gab, die von der *militärischen* Aufteilung des Reiches ausgehende Tendenz zur *politischen* Spaltung Deutschlands auf der Demarkationslinie Lübeck–Helmstedt–Eisenach–Hof aufzuhalten und später dann durch eine einvernehmliche Entscheidung zwischen den Hauptsiegermächten zugunsten einer „Neutralisierung“ eines um die Gebiete östlich von Oder und Neiße verkleinerten „Gesamtdeutschlands“ die Bestrebungen zur Einbeziehung der beiden deutschen Teilstaaten in die sich formierenden, gegeneinander stehenden Militärblöcke in West und Ost aufzuheben, ehe 1955 kaum mehr oder allenfalls sehr, sehr schwer Revidierbares eingetreten war?

In der Bundesrepublik ist die wissenschaftliche und publizistische Diskussion darüber niemals ganz zur Ruhe gekommen; sie ist vielmehr von Zeit zu Zeit immer wieder unter der zugespitzten Fragestellung aufgeflammt, ob nicht doch – vor allem von deutschen Politikern, namentlich von Bundeskanzler Adenauer – im ersten Nachkriegsjahrzehnt tatsächlich oder vermeintlich vorhandene „Chancen“ zur „Wiedervereinigung“ Deutschlands „versäumt“ worden sind. Vor allem der

[1] W. Brandt: Begegnungen und Einsichten. Die Jahre 1960–1975. Hamburg 1976, S. 84.

Streit um die sowjetische Note an die drei Westmächte vom 10. März 1952, in der Stalin *expressis verbis* die „Neutralisierung" eines begrenzt bewaffneten „Gesamtdeutschlands" (ohne die Oder-Neiße-Gebiete) unter bestimmten Bedingungen als Alternative zur langfristigen Spaltung Deutschlands hinstellte, ein „Angebot", das die Westmächte unter Zustimmung bzw. Mitwirkung des Bundeskanzlers Adenauer ablehnten, ohne es – wie der Vorwurf lautet – zumindest „ausgelotet" zu haben, ist zu einer Art „unendlicher Geschichte" mitunter fast geisterhaft wirkender Auseinandersetzungen geworden, die die reale Geschichte des geteilten Deutschlands seit über drei Jahrzehnten begleitet. Gewiß ist es angesichts des Stillstandes der Deutschlandpolitik (jenseits tagespolitischer „Erfolge" oder „Mißerfolge" im Detail) nicht erstaunlich, daß sich der kritische Blick zurück zunehmend auf die Haltung, auf Versäumnisse oder „Versagen" der deutschen Politiker und der deutschen Parteien in jener Zeit verengt, in der es tatsächlich oder auch nur scheinbar noch „Bewegung" gab, und daß überhaupt die Fixierung auf das aus *deutscher* Sicht Mögliche oder Wünschenswerte für die öffentliche Diskussion bei uns kennzeichnend geworden ist. Vor diesem Hintergrund mag indessen gerade der folgende Versuch, Motive und Ziele von der jeweiligen Interessenlage derjenigen Großmacht her zu deuten, die in einer konkreten Situation und in einer bestimmten internationalen Konstellation mit einem „Neutralisierungs"-Konzept für „Gesamtdeutschland" hervortrat, mehr Klärung von Möglichkeiten und Grenzen der Verwirklichung dieser wichtigsten Alternative zur tatsächlich permanent voranschreitenden Verfestigung der Spaltung Deutschlands beitragen als die ständige Wiederholung der auf die deutschen Beteiligten konzentrierten Anklage oder Apologie. Dabei ist es sinnvoll, die zeitliche Abfolge und den historischen Kontext dieser nicht zufällig zunächst (1945/46) von amerikanischer, dann erst (1952) von sowjetischer und schließlich (1953) von britischer Seite in die Auseinandersetzung zwischen den Siegermächten um die Deutschland- und Europa-Politik eingebrachten Pläne zu beachten. Nur am Rande, eher peripher wird auf die Haltung der deutschen politischen Repräsentanten und der deutschen Öffentlichkeit eingegangen.

Unser Durchgang wird auf die zehn Jahre Sommer 1945 bis Frühjahr 1955 begrenzt, d. h. bis zu dem Zeitpunkt, an dem mit dem Beitritt der für „souverän" erklärten Bundesrepublik Deutschland zum Nordatlantikpakt und mit der Einbeziehung der DDR in den unmittelbar danach gegründeten Warschauer Pakt eine – nach menschlicher Voraussicht langfristige – Festlegung erfolgt war, auch wenn die Kette der danach noch in Einzelinitiativen vorgetragenen „Neutralisierungs"-Pläne nicht abriß, nunmehr verständlicherweise, weil dies zur Voraussetzung für alles Weitere geworden war, engstens mit dem vordringlichen Ziel eines militärischen Auseinanderrückens der in Mitteleuropa direkt aneinanderstoßenden Blöcke, des sog. „Disengagement", verknüpft.

Bevor wir uns dem Überblick über die einander ablösenden Pläne zuwenden, scheint noch eine knappe methodische Bemerkung am Platze. Der aus mehreren Gründen problematische Begriff der „Zeitgeschichte“, die der Definition von Hans Rothfels aus dem Jahre 1953 zufolge jeweils die Epoche der Lebenden umgreift, verführt leicht dazu, Leitvorstellungen, Maßstäbe und Urteile der Gegenwart undifferenziert auf die – jedenfalls von der älteren Generation mit erlebten – zurückliegenden Jahrzehnte, in unserem Fall mindestens auf die gesamte Zeit von 1945 an, zu übertragen. Dabei gerät aus dem Blickfeld, daß es seit dem Kriegsende 1945 eine bedeutende, epochal zu nennende Zäsur – Anfang bis Mitte der sechziger Jahre anzusetzen – gibt, die in allen Lebensbereichen, nicht zuletzt auch in der internationalen Politik, zu einem tiefgreifenden Wandel der Leitvorstellungen, Maßstäbe und Urteile führte. Diese Zäsur wird markiert durch die vordringende und schließlich weithin akzeptierte Einsicht in West wie in Ost, daß mit grundlegenden Veränderungen der Macht- und Einflußsphären in Europa angesichts des Nuklearwaffen-„Patts“ nicht mehr gerechnet werden könne, während zuvor – bis zur Kuba-Krise 1962 – eben solche Erwartungen die politischen Zielvorstellungen der Großmächte bestimmt hatten. Erst Mitte der sechziger Jahre begann in diesem Sinne die Epoche, in der wir leben, unsere Gegenwart. Das gewählte Thema dieses Vortrags führt uns folglich in eine andere, wenn auch in die *unmittelbar vor der gegenwärtigen* liegende Epoche. Das Geschehen in dieser Epoche gilt es demnach nicht gegenwartsorientiert mit Zustimmung oder Kritik zu kommentieren, sondern – wie weiter zurückliegende Epochen – aus der Distanz historisch zu „verstehen“ – „verstehen“, um zu begreifen, nicht aber um Apologie zu betreiben oder um anzuklagen.

Es dürfte den nicht mit der Forschungssituation vertrauten Zeitgenossen überraschen, daß der erste „Neutralisierungs“-Plan für „Gesamtdeutschland“ nicht, wie er vermuten würde, von der Sowjetunion, sondern von den USA in die internationale Politik eingeführt wurde. Die amerikanische Planung einer „Neutralisierung“ „Gesamtdeutschlands“ (ohne Oder-Neiße-Gebiete) ist auf das engste mit dem Namen des Außenministers James F. Byrnes verbunden, der von Präsident Truman kurz vor Beginn der Potsdamer Konferenz der „Großen Drei“ Anfang Juli 1945 mit diesem Amt betraut wurde.[2] Ausgehend von der weiterhin mit nur

[2] Hierfür und für das Folgende vor allem A. Frohn: Neutralisierung als Alternative zur Westintegration. Die Deutschlandpolitik der Vereinigten Staaten von Amerika 1945–1949. (= Dokumente zur Deutschlandpolitik. Beihefte. Bd. 7.) Frankfurt a. M. 1985; W. Link: Die amerikanische Deutschlandpolitik 1945–1949. In: Die Deutschlandfrage und die Anfänge des Ost-West-Konflikts 1945–1949. Studien zur Deutschlandfrage. Hrsg. vom Göttinger Arbeitskreis, Bd. 7. Berlin 1984, S. 7–28; H. Graml: Die Alliierten und die Teilung Deutschlands. Konflikte und Entscheidungen 1941–1948. Frankfurt a. M. 1985. – Allgemein J. Foschepoth (Hrsg.): Kalter Krieg und Deutsche Frage. Deutschland im Widerstreit der Mächte – 1945–1952. Göttingen–Zürich 1985; L. Herbst (Hrsg.): Westdeutschland 1945–1955. Unterwerfung, Kontrolle, Integration. München 1986.

geringen Modifikationen fortgeführten Leitlinie der Kooperation mit der Sowjetunion gegen den gemeinsamen Kriegsgegner Deutschland über das Kriegsende in Europa hinaus, die Truman von Roosevelt übernommen hatte, und speziell von seiner, Byrnes', Erfahrung auf der Potsdamer Konferenz, daß es möglich gewesen war, sich mit Stalin auf der Basis von *do ut des* zu verständigen – in Gestalt des Kompromisses: faktische Anerkennung des sowjetischen *fait accompli* bei der Festlegung der polnischen Westgrenze an Oder und Lausitzer Neiße durch die USA gegen Zustimmung der sowjetischen Seite zur Reparationsregelung nach amerikanischen Vorstellungen (Verzicht auf Benennung einer Gesamtsumme und Beschränkung im Kommuniqué auf eine Prozentangabe für die aus den deutschen Westzonen zu leistenden Reparationen) unter Absage an die „Zerstückelungs"-Absichten der Alliierten aus den Jahren 1943–45 und unter Anerkennung des Prinzips, Rest-Deutschland als wirtschaftliche und politische Einheit zu behandeln –, entwickelte Byrnes bzw. aufgrund seiner Anregungen das „Policy Committee on Germany" des Department of State unter James W. Riddleberger ein deutschlandpolitisches Konzept, das nach der Überzeugung von Byrnes unter den vier Hauptsiegermächten konsensfähig sein müßte. Es sah in seinen erst im September 1946 endgültig zu einem Ganzen zusammengefügten wichtigsten Elementen für „Gesamtdeutschland" – im Einklang mit den Potsdamer Vereinbarungen – eine langfristige, von einer Viermächte-Kontrollkommission zu überwachende Entwaffnung und Entmilitarisierung für die Zeit „nach der Beendigung der alliierten Okkupation", also nach dem Abzug aller Besatzungstruppen (dessen Zeitpunkt offen blieb), vor. Diese Maßnahmen dienten nach Auffassung von Byrnes dem Sicherheitsbedürfnis sowohl der Sowjetunion als auch Frankreichs. Allerdings sollten Maßnahmen gegen deutsche Vertragsverletzungen nur gemeinsam beschlossen werden dürfen, so daß die USA die Möglichkeit besessen hätten, gegen sowjetische oder auch französische Vorschläge ein Veto einzulegen. Der unmittelbare Einfluß der Besatzungsmächte auf die industriellen Zentren „Gesamtdeutschlands" sollte gleichmäßig Zug um Zug reduziert, die speziellen Ambitionen sowohl der Sowjetunion als auch Frankreichs auf das Ruhrgebiet abgewehrt und in einer internationalen Kontrolle der Ruhr-*Wirtschaft* (ohne politische Abtrennung oder wirtschaftliche Ausgliederung des Ruhrgebiets aus Deutschland) gleichsam aufgefangen werden. Ziel war es, die Ressourcen des Ruhrgebiets für ganz Europa nutzbar zu machen und zugleich eine Wiederbewaffnung Deutschlands auszuschließen. Von „Neutralisierung" war in den ersten Entwürfen und auch in dem im Februar 1946 den Regierungen der Sowjetunion, Großbritanniens und Frankreichs übermittelten Vertragsentwurf nicht direkt die Rede. Doch ergab sich aus den vorgesehenen Maßnahmen zur Entwaffnung und Entmilitarisierung Deutschlands auf 25 Jahre – im Juli 1946 in Auseinandersetzung mit den sowjetischen Gegenvorschlägen, die auf eine langfristige militärische Besetzung ganz Deutschlands abzielten, auf 40 Jahre verlängert – der „Neutralisierungs“-Gedanke gleichsam sachlogisch. Das Ziel der „Neutralisierung“ Deutschlands wurde schließlich im September 1946 von Byrnes offen ausgesprochen und in Riddlebergers zusammenfassendem Report als Leitlinie der amerikanischen Politik für den ganzen Zeitraum seit Sommer 1945 als konstitutiv bezeichnet („to see established a Germany that is neutral toward surrounding powers“). Europapolitisch fügte sich die Byrnes'sche Konzeption eines „neutralisierten“ „Gesamtdeutschlands“ zu dieser späten Zeit bereits in eine Art Dreigliederung des Kontinents ein: Ostmittel- und Südosteuropa (außer Griechenland) unter der Dominanz der Sowjetunion (mit der sich Byrnes nach vergeblichen Bemühungen um ein „Roll back“ in der zweiten Hälfte des Jahres 1945 seit der Jahreswende 1945/46 abgefunden hatte), Westeuropa unter amerikanischem „Einfluß“ und eben Deutschland als „neutralisierter“ Puffer zwischen diesen beiden Einflußsphären, während die amerikanische Politik während des Zweiten Weltkrieges und noch das ganze Jahr 1945 über strikt gegen ein Abstecken von Interessensphären für einzelne Mächte und gegen eine damit im Zusammenhang stehende Blockbildung in Ost und West gewesen war.

Bezeichnend war, daß das Konzept der „Neutralisierung“ Deutschlands im Department of State erst vollständig ausformuliert wurde, als seine Verwirklichung schon aus zwei Gründen höchst unwahrscheinlich geworden war: zum einen mit der ‚endgültigen‘ massiven Ablehnung durch den sowjetischen Außenminister Molotow auf der Pariser Außenministerkonferenz seit Mai 1946, nachdem vage, „wohlwollend-unterstützend“[3] klingende Bemerkungen Molotows in London im September 1945 und Stalins am Heiligen Abend 1945 in Moskau von Byrnes als Ermutigungen für seinen Plan betrachtet worden waren. Jetzt, auf der Pariser Außenministerkonferenz (Mai–Juli 1946) war die auf den bestimmenden Einfluß in ganz Deutschland, speziell auch auf das Ruhrgebiet abzielende „gesamtdeutsche“ Politik der Sowjetunion unübersehbar deutlich geworden. Zum anderen war die Situation an der amerikanischen Führungsspitze gekennzeichnet durch das immer stärkere Vordringen der Vertreter des Gegenkonzepts zu Byrnes' „Neutralisierungs“-Plan. Unter Führung des im April 1946 aus Moskau in die USA zurückgekehrten George F. Kennan wurde die Konzeption einer „Eindämmung“ der auf Westeuropa gerichteten Expansionsbestrebungen der Sowjetunion entwickelt: „Containment“. Beides, die Haltung der Sowjetunion wie die Verstärkung der inneramerikanischen Opposition gegen seinen außenpolitischen Kurs, zwang Byrnes selbst bereits im Juli 1946 auf der Pariser Außenministerkonferenz zur Vorankündigung eines Kurswechsels, und in seiner bekannten Stuttgarter Rede vor den Repräsentanten der Länder der amerikanischen Zone Deutschlands am 6. September 1946 warb er für dieses auf die Formierung eines „West-Blocks“ hinauslau-

[3] Link (wie Anm. 2), S. 11.

fende Gegenkonzept bei den Deutschen, obwohl in der Stuttgarter Rede die Verwirklichung seiner „Neutralisierungs"-Konzeption immer noch als sein eigentliches Ziel erkennbar blieb. Deutschland solle – so hieß es in dieser Rede – nicht „Satellit irgendeiner Macht" und nicht „Schachfigur oder Partner in einer militärischen Auseinandersetzung zwischen Ost und West" sein, vielmehr – wie Österreich – „frei und unabhängig". Eine breite „neutrale" Zwischenzone in Europa war also anvisiert worden.

Was veranlaßte Byrnes, so zäh an der „Neutralisierungs"-Konzeption für Deutschland auch dann noch festzuhalten, als ihre Realisierung immer unwahrscheinlicher geworden war? Es wirkten wohl neben seiner grundsätzlichen, auf Kooperation mit der Sowjetunion gerichteten Haltung drei Motive zusammen: es galt, die Bestrebungen der Sowjetunion, die offensichtlich auf eine Einbeziehung „Gesamtdeutschlands" in den sowjetischen Macht- und Einflußbereich abzielten, abzuwehren; es ging sodann darum, die „Schuld" an einer Spaltung Deutschlands, wenn sie aufgrund der von ihm im Juli 1946 angekündigten Zusammenlegung der amerikanischen mit der britischen Besatzungszone faktisch von „westlicher" Seite vorangetrieben wurde, vor der Öffentlichkeit, besonders der deutschen, der Sowjetunion zuzuweisen. Schließlich spielte eine erhebliche Rolle die Einschätzung eines – so vermutete man im Department of State – starken deutschen Nationalismus aufgrund der Niederlage von 1945. Dieser wurde im Vergleich mit dem deutschen Nationalismus zur Zeit nach dem Ersten Weltkrieg, als das Deutsche Reich nur einige Grenzprovinzen oder Teile davon hatte abtreten müssen, aber doch als Nationalstaat ungeteilt geblieben war, für den Fall einer Spaltung Rest-Deutschlands enorm hoch veranschlagt. Er drohte ein schwer einzuschätzendes, jedenfalls gewaltiges und eine stabile Friedensordnung in Mitteleuropa unmöglich machendes und auch den Wiederaufbau der europäischen Wirtschaft lähmendes Ausmaß anzunehmen, wenn die Deutschen zu der Einsicht gelangen sollten, daß die Spaltung ihres Landes langfristig sein würde und von amerikanischer Seite zumindest mit verursacht worden sei.

Warum aber hat Stalin den Byrnes'schen „Neutralisierungs"-Plan für ein verkleinertes „Gesamtdeutschland" abgelehnt? Wir sind da auf Kombinationen angewiesen. Wenn auch der Rückzug aller Besatzungstruppen aus Deutschland ein wesentliches Element des Byrnes-Plans war, so wurde doch im Gegensatz zu der von Roosevelt auf der Konferenz von Jalta im Februar 1945 bei Stalin geweckten Erwartung, daß die Amerikaner ihre Truppen spätestens zwei Jahre nach Kriegsende ganz aus Europa abziehen und damit wie 1919 den alten Kontinent wieder sich selbst überlassen würden, mit dem Byrnes-Plan deutlich, daß die USA nicht nur mit Streitkräften in Westeuropa, wenn auch nicht in Deutschland, stehen bleiben, sondern hier – was entscheidend war – politisch langfristig präsent bleiben und an der Kontrolle des „neutralisierten" Deutschlands aktiv Teil haben würden – auf 25 oder gar auf 40 Jahre. Überließ man die innere Entwicklung des „neutralisierten Gesamtdeutschlands“ dem freien Spiel der Kräfte, stand zudem zu erwarten, daß sich ein parlamentarisch-demokratisches System mit pro-westlicher Grundtendenz entfalten würde, das über die Grenzen „Rest-Deutschlands“ nach Osten und Südosten in den sowjetischen Machtbereich ausstrahlen und dort für die Sowjetunion politisch-psychologische Probleme hervorrufen würde. Schließlich schuf das im Byrnes-Plan für Deutschland vorgesehene ökonomische Prinzip der „Offenen Tür“ für die USA die Möglichkeit, aufgrund ihrer wirtschaftlichen Überlegenheit in Deutschland ein sich im Endeffekt zumindest indirekt auch politisch zugunsten der USA auswirkendes Übergewicht zu erlangen.[4]

Weltpolitisch hatte sich in der Zeit, in der sich Byrnes um die Zustimmung der Sowjetunion für seinen Plan bemühte – im September 1945 auf der Fünfmächte-Außenministerkonferenz in London, im Dezember 1945 auf der „Dreimächte“-Außenminister-Tagung in Moskau und endlich von Mai bis Juli 1946 auf der Pariser Viermächte-Außenminister-Konferenz –, das amerikanisch-sowjetische Verhältnis rasch verschlechtert. Insbesondere die Krise um Iran im März 1946 und der Stopp der Reparationslieferungen aus der amerikanischen Besatzungszone in die Sowjetunion im Mai 1946 wirkten alarmierend, während auf amerikanischer Seite seltsamerweise die Zwangsvereinigung von KPD und SPD zur SED in der sowjetischen Zone im April 1946 nicht als gravierend angesehen wurde. Der Klimasturz in der internationalen Politik war jedoch bereits in der Rede des britischen Oppositionsführers Winston Churchill in Fulton/Missouri am 6. März 1946 manifest geworden, als dieser in Anwesenheit und mit Zustimmung Präsident Trumans das Bild vom „Eisernen Vorhang“, der Europa trennen würde, beschwor, ein Bild, das Goebbels schon im Februar 1945 in einem Artikel der Wochenzeitung „Das Reich“ im Blick auf die Politik der Sowjetunion in den von ihr besetzten Ländern Ostmittel- und Südosteuropas verwendet hatte. Jetzt zog Churchill aus der Tatsache, daß die Sowjetunion einen „Eisernen Vorhang“ vor ihrem Herrschaftsbereich heruntergelassen habe, den Schluß: „Das ist nicht das befreite Europa, für das wir gekämpft haben. Es ist auch kein Europa, das die Wesenzüge eines dauerhaften Friedens trägt.“[5] Stalin replizierte in einem Interview der „Prawda“ am 13. März 1946, in dem er Churchill als Hetzer zu einem „Dritten Weltkrieg“ und als „Zweiten Hitler“ bezeichnete.[6]

Die Zustimmung Trumans zu Churchills Rede in Fulton zeigte, daß der Präsident sich bereits der Gruppe im Department of State angenähert hatte, die die

[4] So akzentuiert H.-J. Schröder in seiner Rezension des Buches von A. Frohn (wie Anm. 2) in: Wochenzeitung „Das Parlament“ vom 17. 1. 1987, S. 26.

[5] Keesing's Archiv der Gegenwart XVI/XVII (1946/47). Essen 1950, S. 669f.

[6] Ebd., S. 677f.

Gegenkonzeption zu Byrnes' „Neutralisierungs"-Konzeption vertrat. Führender geistiger Kopf dieser Gruppe war – wie angedeutet – George F. Kennan,[7] der schon im Frühjahr 1945 den Gedanken einer gemeinsamen Deutschlandpolitik der USA und der Sowjetunion als illusionär verworfen und für eine Teilung Deutschlands und Europas in Interessensphären plädiert hatte. Im Mai 1946 war er dafür eingetreten, die USA sollten sich offen von den Potsdamer Vereinbarungen lossagen und für eine Wiedervereinigung Deutschlands in den Grenzen von 1937 eintreten, um nach der vorauszusehenden Ablehnung dieser Forderung durch Stalin „unabhängig von den Russen" mit der „Organisation Westdeutschlands" zu beginnen. Schon Anfang März 1946 hatte er – noch von Moskau aus – die Auffassung vertreten, daß „der Prozeß der Teilung (Deutschlands) zu seinem logischen Abschluß gebracht" werden sollte. Kennan deutete die Politik Stalins als Fortsetzung der traditionellen Expansionspolitik des Zarenreiches des 18. und 19. Jahrhunderts, nicht als Konsequenz aus der weltrevolutionären Ideologie des Bolschewismus. Die sowjetische Expansion könne und müsse politisch eingedämmt werden („Containment"); dazu müßten die drei Westzonen Deutschlands zusammengefaßt und in das – später dann in Gestalt des Marshall-Plans 1947 voll entwickelte – Wiederaufbauprogramm für Westeuropa eingefügt werden, wenn – wie zu erwarten – die Sowjetunion eine Einbeziehung der in ihrem Machtbereich befindlichen Länder in dieses Wiederaufbau-Programm ablehnte. Unterstützung fand die sich formierende Gegengruppe zu Byrnes in der amerikanischen Führung auf seiten der britischen Regierung, vor allem bei Außenminister Bevin, der seinerseits seit April 1946 für die Zusammenfassung der westlichen Besatzungszonen Deutschlands unter Aufgabe weiterer Versuche, mit der Sowjetunion zu einer Einigung über Deutschland zu gelangen, eintrat.[8]

Der Rücktritt von Byrnes als Außenminister und die Übernahme dieses Amtes durch den Generalstabschef des Zweiten Weltkrieges George C. Marshall markierten auch nach außen das Scheitern der Zielsetzung von Byrnes und – nach letzten Deklamationen einer doch noch am Kooperationskurs mit der Sowjetunion festhaltenden Linie der amerikanischen Politik auf der Moskauer Außenminister-Konferenz (März/April 1947) – den offenen Übergang zur Politik des „Containment" und der getrennten Interessensphären, die mit den Etappen: Verkündung der Truman-Doktrin für Griechenland und die Türkei (März 1947), Ankündigung

[7] Zu Kennans „Program A" ausführlich Frohn (wie Anm. 2), S. 116ff., und C. Schneider: George F. Kennan und das Problem einer Neutralisierung Gesamtdeutschlands 1948 bis 1957. Masch.-Ms. 1987.

[8] R. Steininger: Wie die Teilung Deutschlands verhindert werden sollte. Der Robertson-Plan aus dem Jahre 1948. In: Militärgeschichtliche Mitteilungen 33 (1983), S. 49–89. Zur Tendenz zur Teilung Deutschlands in Großbritannien J. Foschepoth: British Interest in the Division of Germany after the Second World War. In: Journal of Contemporary History 21 (1986), S. 391–411.

des ERP-Programms („Marshall-Plan“) im Juni 1947, militärisch: Aufbau der Westeuropäischen Union (März 1948) und vor allem des Nordatlantikpakts (April 1949), schließlich Vorbereitung der deutschen „Weststaats“-Gründung seit Februar 1948 (Londoner Sechs-Mächte-Konferenz) ohne weitere ernsthafte Verhandlungen mit der Sowjetunion auf der letzten Viermächte-Außenministerkonferenz in London (November/Dezember 1947) vorangetrieben wurde. Mit der Währungsreform in Westdeutschland (Juni 1948) und der Konkretisierung der Konzeption des deutschen „Weststaats“ in dem darauf hinzielenden Auftrag der westalliierten Militärgouverneure für die westdeutschen Regierungschefs (Juli 1948) trat das Programm in seine entscheidende, die Spaltung Deutschlands realisierende Phase.

Weniger der politische Gegenzug der Sowjetunion in Gestalt der Blockade der Berliner Westsektoren (seit Ende Juni 1948) als vielmehr Vorgänge innerhalb des Ostblocks führten dann in einem Teil der amerikanischen Administration überraschenderweise noch einmal zu einem Überdenken, wenn auch schließlich nicht zu einer Stornierung der aus der „Containment“-Konzeption abgeleiteten deutschen „Weststaats“-Lösung. Träger des neuen Gegenkonzepts war niemand anderes als der geistige Vater eben der „Containment“-Leitvorstellung, George F. Kennan. Er entwickelte nun von August bis November 1948 seinerseits ein Programm für eine – allerdings nicht als Dauerlösung, sondern nur für eine Übergangszeit gedachte – „Neutralisierung“ „Gesamtdeutschlands“ (in den Potsdamer Grenzen), das sog. „Program A“, das von Kennan am 15. November 1948 Außenminister Acheson übergeben wurde.[9] Wie war es zu dieser Kehrtwendung Kennans gekommen?

Grundlegend geändert hatte sich seit dem Sommer 1948 seine weltpolitische Lage-Einschätzung. Galt es in seiner Sicht in den Jahren 1946/47, der drohenden Expansion der Sowjetunion nach Westeuropa durch eine politische und ökonomische (nicht militärische) Defensivstrategie entgegenzutreten, so sah Kennan nun, 1948, trotz sowjetischer Berlin-Blockade den Ostblock in einer schweren inneren Krise. Der Bruch zwischen Tito und Stalin und die folgenden Kampagnen der Stalinisten gegen sog. Titoisten in den „Satellitenstaaten“ erschienen ihm als Symptome für Peripetie und Niedergang der sowjetischen Herrschaft in Ostmittel- und Südosteuropa. Diese Entwicklung galt es, durch eine flexible amerikanische Deutschland- und Europapolitik – auch unter Inkaufnahme von Risiken – zu fördern. Dies wiederum bedeutete, das deutsche und das russische Problem anders als bisher nicht getrennt, sondern in einem gesamteuropäischen Zusammenhang zu sehen und sich nicht mit einer Fortsetzung des Aufbaus Westeuropas unter Einschluß Westdeutschlands unter amerikanischer Führung zu begnügen; denn dies würde der Sowjetunion einen Zeitgewinn zur erneuten Konsolidierung ihres

[9] Hierfür und für das Folgende Frohn (wie Anm. 2) und Schneider (wie Anm. 7).

Herrschaftsbereichs bringen und mit der Begrenzung der amerikanischen Politik auf Westeuropa die bestehende Ost-West-Grenze in der Mitte Europas weiter verhärten. In einer Rede vor dem National War College führte Kennan am 17. September 1948 aus:[10] „Wir müssen unsere früheren Feinde, die Deutschen, wieder zur wirtschaftlichen Stärke hochpäppeln, ohne sie zu einer erneuten Aggression zu veranlassen und ohne sie zu den Herren unserer früheren Alliierten zu machen, und mit Hilfe von beiden, unseren früheren Alliierten und unseren früheren Feinden – denn nur mit einem von beiden wird es nicht gelingen –, müssen wir den russischen Bären zurück in seinen Käfig manövrieren und ihn dort halten, wo er hingehört."

Das „Program A" vom 15. November 1948 sah im einzelnen vor – hier wie bei der Skizzierung aller „Neutralisierungs"-Projekte kann es sich nicht um vollständige Darlegung aller Details, sondern nur um die Hervorhebung der jeweils charakteristischen Elemente handeln –, die schon im Gange befindliche Schaffung eines deutschen Weststaates aufzugeben, stattdessen eine „gesamtdeutsche" Regierung zu bilden, die alliierten Militärverwaltungen in Deutschland aufzuheben sowie die Besatzungstruppen auf ein Minimum zu reduzieren und sie fünf Monate nach Auflösung des Alliierten Kontrollrats für Deutschland in Garnisonsbereichen an der Peripherie Deutschlands zu konzentrieren: die Amerikaner auf die Umgebung von Bremen, die Briten auf den Raum Hamburg, die sowjetischen Truppen auf das Gebiet um Stettin. Für die Franzosen war eine von Kennan noch nicht genannte Garnison im Rheinland vorgesehen. Der Ablauf des „Program A" war so gedacht: Die Ministerpräsidenten der sechzehn deutschen Länder, also aller vier Besatzungszonen, und der Oberbürgermeister von Berlin sollten als erstes eine verfassungsgebende Versammlung einberufen. Ihre Mitglieder sollten in freien Wahlen unter Aufsicht der Vereinten Nationen gewählt werden. Die Versammlung hatte nicht nur die Aufgabe, eine Verfassung für „Gesamtdeutschland" (ohne die Oder-Neiße-Gebiete) auszuarbeiten, sondern sollte auch sogleich eine provisorische „gesamtdeutsche" Regierung wählen. Unmittelbar nach ihrer Konstituierung sollte der Alliierte Kontrollrat für Deutschland aufgelöst und durch eine Alliierte Kontrollkommission aus je einem Repräsentanten der vier Hauptsiegermächte ersetzt werden. Diese Kontrollkommission sollte den Entwurf für die „gesamtdeutsche" Verfassung ebenso wie später die Gesetze, die für „Gesamtdeutschland" gelten sollten, prüfen. Sie galten als genehmigt, wenn die Mitglieder der Kommission nicht einstimmig innerhalb einer bestimmten Frist dagegen Einspruch erhoben. Sanktionen wegen eventueller deutscher Verstöße gegen die vorgesehenen Entmilitarisierungsbestimmungen konnten nur mit einer Mehrheit in der Kontrollkommission beschlossen werden. Trotz aller dieser vorgesehenen, im Vergleich

[10] Frohn (wie Anm. 2).

zum bisherigen Zustand seit 1945 großen Erleichterungen auf der Basis liberaldemokratischer Entscheidungen der Deutschen sollte doch „Gesamtdeutschland“ nicht die volle völkerrechtliche Souveränität erhalten. Sie blieb vielmehr durch den von den Hauptsiegermächten festgelegten Status der Entmilitarisierung und „Neutralisierung“ für den Bereich der internationalen Beziehungen eingeschränkt.

Auf der Grundannahme Kennans beruhend, daß sich die Sowjetunion in absehbarer Zeit gezwungen sehen würde, sich aus ihren Positionen in Mitteleuropa und schließlich auch aus den „Satellitenstaaten“ Ostmittel- und Südosteuropas zurückzuziehen, sollte das „Program A“ mit der darin vorgesehenen „Neutralisierung“ „Gesamtdeutschlands“ nicht als Dauerlösung betrachtet werden, sondern den Schwebezustand für eine Übergangszeit wiedergeben. Kennan setzte auf einen zugunsten „des Westens“ laufenden Entwicklungs-Prozeß im gesamten Ostblock; „Program A“ sollte mit der darin vorgesehenen „Neutralisierung“ Deutschlands der Sowjetunion den Rückzug sozusagen psychologisch erleichtern, weil sich auch die westlichen Alliierten aus Deutschland zurückzogen. Im Endeffekt war langfristig die Einbeziehung „Gesamtdeutschlands“ wie später möglichst auch der von der Sowjetunion freigegebenen Länder Ostmittel- und Südosteuropas in den von den USA geführten „West-Block“ anvisiert. Für Österreich und die „Freie Stadt Triest“ waren übrigens analoge Abläufe des Rückzugs der Besatzungstruppen und der Auflösung der alliierten Militärverwaltungen vorgesehen. Angesteuert wurde also ein diplomatisch-politisches „Roll back“ der Sowjetunion großen Stils.

„Program A“ war von Kennan nicht aus irgendwelchen Sympathien für die Deutschen entworfen worden. Aber er stellte bei seinen Erwägungen – wie Byrnes 1945/46 – ein stark ausgeprägtes deutsches Nationalbewußtsein in Rechnung, das sich nicht mit einer längerfristigen Spaltung Deutschlands abfinden, sondern dagegen rebellieren werde. Er erwartete von einer Realisierung von „Program A“ eine starke, lang andauernde pro-amerikanische Wirkung bei den Deutschen, die der gesamten Europapolitik der USA zugute kommen werde. Daß in dem Programm auch ein beträchtliches Risiko liegen würde, räumte er ein; denn eine Verwirklichung von „Program A“ würde Deutschland als mächtigsten Staat in Europa wiedererstehen lassen und in eine Position versetzen, die es etwa 1920 nach Inkrafttreten des Versailler Vertrages eingenommen hatte und die – darin lag wie damals in seiner Sicht das Hauptrisiko – Deutschland ein Zusammengehen mit der Sowjetunion möglich machen würde. Eine Wiederholung von „Rapallo“ mußte aber verhindert werden. Daher lagen eine Stützung Polens, das die Oder-Neiße-Gebiete behalten sollte, und dessen Herauslösung aus der sowjetischen Abhängigkeit in der Logik der amerikanischen Europa-Politik gemäß „Program A“. Angesichts der Erfahrungen der Deutschen mit Sowjetrußland und der bestehenden starken antikommunistischen Grundstimmung in ganz Deutschland 1948 betrachtete Kennan die ihm durchaus bewußten Risiken bei der Realisierung des Programms als „kalkulierbar". Eine Fortsetzung der „Containment"-Linie der amerikanischen Europapolitik mit der darin vorgesehenen deutschen „Weststaats"-Gründung schien ihm hingegen in längerfristiger Perspektive gleichbedeutend mit dem Verlust jeglicher amerikanischer Initiative in der Deutschland- und Europapolitik und mit dem Übergang aller Chancen hierfür auf die sowjetische Seite.

„Program A" scheiterte bereits bei den Beratungen im Department of State, wurde also niemals zur Leitlinie der amerikanischen Deutschlandpolitik. Der Mehrheit derjenigen, die im amerikanischen Außenministerium Vorteile und Risiken prüften, erschienen letztere bei weitem zu hoch. So blieb es bei der Fortsetzung der „Containment"-Politik und bei der Bildung eines deutschen „Weststaates". Die Aufgabe der Berlin-Blockade durch die Sowjetunion (Mai 1949) schließlich schien die Richtigkeit dieser Leitlinie der amerikanischen Europa-Politik zu bestätigen. Da – dementsprechend – ernsthafte „gesamtdeutsche" Initiativen auf absehbare Zeit unterblieben, der auf eine Wiedervereinigung Deutschlands gerichtete deutsche Nationalismus aber von der amerikanischen Administration nach wie vor hoch, ja, mit fortschreitender wirtschaftlicher Erholung und bald Prosperität Westdeutschlands als wachsend angesehen wurde, gewann die Fortsetzung der bewußt auf die *supra-nationale* Struktur eines vereinten, integrierten Westeuropas abzielende Integrationspolitik in amerikanischer Sicht neben der Hauptaufgabe, die Wirtschaft durch gemeinsame Anstrengungen wieder voll in Gang zu bringen, die zusätzliche Funktion, westdeutsche „Alleingänge", eine eigenständige „gesamtdeutsche" Politik des westdeutschen Staates, zu verhindern.[11] Deutschland sollte nicht noch einmal in die Position einer von West und Ost unabhängigen Kraft gelangen und eine am national-deutschen Interesse orientierte Ost-Politik betreiben können. Die Einbeziehung Westdeutschlands in das Marshall-Plan-Programm und der zwar auf französische Vorstellungen zurückgehende, jedoch mit massiver amerikanischer Unterstützung auf den Weg gebrachte Schuman-Plan (Mai 1950) sind auch in diesem Zusammenhang zu sehen.

Die Sowjetunion schien sich mit dieser Entwicklung in Westeuropa abzufinden. Sie eröffnete keine nennenswerten Gegenaktionen. Erst die durch den Koreakrieg (Juni 1950) ausgelöste amerikanische Initiative, die Integrationspolitik in Westeuropa nun auch auf den militärischen Bereich auszudehnen und das westdeutsche Potential zur Verteidigung Westeuropas mit einzubeziehen, änderte, wenn auch erstaunlich langsam, die sowjetische Haltung. Erst als sich endlich nach langen, auf französische Bedenken zurückzuführenden Verzögerungen im Winter 1951/52 der politische Durchbruch bei der Lösung des Problems in Gestalt einer „Europäischen Verteidigungsgemeinschaft" (EVG) unter Einschluß westdeutscher Sol-

[11] K. Schwabe: Die Vereinigten Staaten und die Einigung Europas 1945–1952. Masch.-Ms. 1987.

daten konkret abzeichnete, trat Stalin aus seiner Reserve heraus. Auf „westlicher“ Seite, vor allem auch bei Bundeskanzler Adenauer, hatte schon lange zuvor die Befürchtung bestanden, daß die Sowjetführung in der noch ganz ungeklärten Phase, als sich noch kein Konsens zwischen den französischen, den westdeutschen und den amerikanischen Vorstellungen für die EVG abzeichnete, vor allem während der „Viermächte“-Konferenz der Außenminister-Stellvertreter im Pariser Palais Marbre Rose (März bis Juni 1951), mit einem politischen Vorstoß für eine „Neutralisierung“ des um die Oder-Neiße-Gebiete verkleinerten „Gesamtdeutschlands“ hervortreten und damit die in Westdeutschland verbreitete „Ohne-mich-Stimmung“ gegen die „Re-Militarisierung“ zur Konterkarierung der „westlichen“ Integrationspolitik nutzen würde.

Nachdem schließlich das Konzept für die EVG und für den Deutschland-Vertrag erstellt und nachdem auf der Konferenz der NATO-Staaten in Lissabon im Februar 1952 auch noch die Einbeziehung der Türkei und Griechenlands in den Nordatlantikpakt, die Bildung eines Nahostkommandos der NATO und – entscheidend – die Aufstellung von etwa 100 Divisionen der NATO (einschließlich der EVG) bis Ende 1954 beschlossen worden waren, richtete die Sowjetregierung am 10. März 1952 jene berühmte Note an die Regierungen der drei Westmächte, die zum Ausgangspunkt eines bis September 1952 fortgeführten ergebnislosen Notenwechsels zwischen Ost und West werden sollte.[12] In dem den Westmächten übersandten „Entwurf“ der Sowjetunion „für einen Friedensvertrag mit Deutschland“ hieß es, daß dem „unnormalen Zustand“, daß Deutschland „gespalten“ und „sich

[12] Dazu ausführlich B. Meissner: Die Sowjetunion und die Deutsche Frage, 1949–1955. In: D. Geyer (Hrsg.): Sowjetunion. Außenpolitik I: 1917–1955. Köln – Wien 1972, S. 473–509; L. Loth: Die Teilung der Welt 1941–1955. (= dtv-Weltgeschichte des 20. Jahrhunderts). München 1980, S. 282–308; R. Fritsch-Bournazel: Die Sowjetunion und die deutsche Teilung. Die sowjetische Deutschlandpolitik 1945–1979. Opladen 1979, S. 49–56; R. Steininger: Eine Chance zur Wiedervereinigung? Die Stalin-Note vom 10. März 1952. Darstellung und Dokumentation auf der Grundlage unveröffentlichter britischer und amerikanischer Akten. Bonn 1985; H. Graml: Die Legende von der verpaßten Gelegenheit. In: Vierteljahrshefte für Zeitgeschichte 29 (1981), S. 307–341; H.-P. Schwarz: Die Ära Adenauer 1949–1957. (= Geschichte der Bundesrepublik Deutschland, Bd. 2.) Stuttgart – Wiesbaden 1981, S. 149–166; H.-P. Schwarz (Hrsg.): Die Legende von der verpaßten Gelegenheit. Die Stalin-Note vom 10. März 1952 (= Rhöndorfer Gespräche, Bd. 5.) Stuttgart – Zürich 1982; W. G. Grewe: Die Deutsche Frage in der Ost-West-Spannung. Zeitgeschichtliche Kontroversen der achtziger Jahre. Herford 1986; zu Adenauers Haltung A. Hillgruber: Adenauer und die Stalin-Note vom 10. März 1952. In: D. Blumenwitz (u. a.) (Hrsg.): Konrad Adenauer und seine Zeit. Politik und Persönlichkeit des ersten Bundeskanzlers. Bd. II. Stuttgart 1976, S. 111–130; quellenkritischer Abdruck des ganzen Notenwechsels bei E. Jäckel (Hrsg.): Die deutsche Frage 1952–1956. Notenwechsel und Konferenzdokumente der vier Mächte. Frankfurt a. M. – Berlin 1957 – Auf einer vom New Yorker Goethe-Haus und der Columbia University gemeinsam veranstalteten Tagung im Januar 1986 machte der sowjetische Historiker Portulagow gegenüber dem amerikanischen Historiker Fritz Stern die Bemerkung: „Wenn Ihr an SDI festhaltet, dann schicken wir wieder eine Note wie 1952 – diesmal aber eine ernstgemeinte“ (Bericht von J. v. Uthmann: Hat der Westen den Frieden verlassen? In: Frankfurter Allgemeine Zeitung, 1. 2. 1986, S. 27).

gegenüber anderen Staaten in einer nicht gleichberechtigten Situation" befinde, „ein Ende gemacht werden" müsse. Die Note signalisierte – so schien es – die Bereitschaft der Sowjetunion, nunmehr ein „neutralisiertes", um die Oder-Neiße-Gebiete verkleinertes „Gesamtdeutschland" als Alternative zur fortdauernden Spaltung Deutschlands und als für sie vorteilhaftere Lösung im Vergleich zur vollen militärischen Einbeziehung Westdeutschlands in ein integriertes Westeuropa zu akzeptieren, nachdem sie eine solche im Byrnes-Plan 1945/46 enthaltene „Neutralisierungs"-Konzeption unter für sie vermeintlich schlechteren, weil ihre auf „Gesamtdeutschland" gerichteten Ambitionen durchkreuzenden Bedingungen abgelehnt hatte. „Deutschland wird als einheitlicher Staat wiederhergestellt" – so hieß es am Beginn der „Politischen Leitsätze" in der Stalin-Note –, und „das geeinte Deutschland gewinnt die Möglichkeit, sich als unabhängiger, demokratischer, friedliebender Staat zu entwickeln". Von „freien Wahlen" war in der Note vom 10. März 1952 nicht die Rede, wohl aber davon, daß „dem deutschen Volk ... die demokratischen Rechte" und „den demokratischen Parteien und Organisationen freie Betätigung gewährleistet sein" müßten. Spätestens ein Jahr nach Abschluß des Friedensvertrages müßten „die Streitkräfte der Besatzungsmächte ... aus Deutschland abgezogen" werden. Der Entwicklung der deutschen „Friedenswirtschaft" sollten „keinerlei Beschränkungen auferlegt" werden. Die „Neutralisierungs"-Konzeption steckte in der Wendung: „Deutschland verpflichtet sich, keinerlei Koalitionen oder Militärbündnisse einzugehen, die sich gegen irgendeinen Staat richten, der mit seinen Streitkräften am Krieg gegen Deutschland teilgenommen hat". „Eigene nationale Streitkräfte ... zu besitzen, die für die Verteidigung des Landes notwendig sind", sollte hingegen „Deutschland gestattet" sein.

Das in der Stalin-Note verkündete Ziel eines „neutralisierten" „Gesamtdeutschlands" war das Gegenmodell zu dem in Artikel 7 des „Deutschlandvertrages" proklamierten „mit friedlichen Mitteln" zu erreichenden Ziel einer Einbeziehung „Gesamtdeutschlands" in das integrierte Westeuropa; denn die „gemeinsame Politik" der „Bundesregierung und der Drei Mächte" sah „ein wiedervereinigtes Deutschland, das eine freiheitlich demokratische Verfassung ähnlich wie die Bundesrepublik besitzt und das in die europäische Gemeinschaft integriert ist", vor, mit anderen Worten: eine Verschiebung der Machtsphären in Mitteleuropa auf Kosten der sowjetischen Position in Deutschland. Hinter Stalins Vorstoß mochte seine im Vergleich zu den Vorjahren veränderte weltpolitische Lage-Einschätzung stehen, seine in der Schrift „Ökonomische Probleme des Sozialismus in der UdSSR" vom 1. Februar 1952 enthaltene Spekulation, daß der durch Verlauf und Ausgang des Zweiten Weltkrieges im „Westen" gebildete einheitliche „imperialistische Block" unter der Dominanz der USA sich wieder auflockern würde, seine Erwartung, daß Deutschland und Japan wieder wie in der Zwischenkriegszeit eine größere Eigenständigkeit entwickeln würden, was zu – im sowjetischen Interesse liegenden – Spannungen innerhalb der „imperialistischen“ Mächtegruppe führen werde, eine Entwicklung, die durch eine „Neutralisierung“ Deutschlands gefördert werden könnte.

Auf die im Grunde genommen müßige Auseinandersetzung einzugehen, ob die Ziele der Sowjetunion, die die Stalin-Note umriß, „ernst“ gemeint waren oder nicht,[13] lohnt sich nicht. Die Westmächte wie Bundeskanzler Adenauer nahmen sie ernst und reagierten ihrer Interessenlage entsprechend. In Deutschland zielte die Stalin-Note auf jene Kräfte, die die volle politische, gesellschaftliche und ideologische Einbindung Westdeutschlands in „den Westen“ unter Hinnahme der Spaltung des „Vierzonen-Deutschlands“ ablehnten und an den traditionellen „Eigenweg“ der Deutschen zwischen Ost und West auch unter den grundlegend veränderten internationalen Rahmenbedingungen anzuknüpfen suchten. Es waren dies zugleich die Repräsentanten jener großbürgerlichen Schicht (oder deren Reste), die sich politisch an der Stresemann-Linie orientierten, die die Sowjetunion aber im Zuge der gewaltsamen Sowjetisierung ihrer Besatzungszone aus dieser vertrieben hatte und die nun in Westdeutschland nolens-volens keinen anderen Weg sahen, als die auf reine Westorientierung ausgerichtete Politik Adenauers zu unterstützen, der sie eigentlich fernstanden.

Die gegen die inzwischen ja festliegende „westliche“ Deutschland- und Europa-Politik gerichtete Zielsetzung Stalins stieß auf entschiedene Ablehnung auf Seiten der drei Westmächte (sowie bei dem erst im Verlauf des Notenwechsels stärker in die Erörterungen zwischen den drei Regierungen mit einbezogenen Bundeskanzler Adenauer). Lediglich um das taktische Verhalten und um eine – vor allem für die Deutschen einleuchtende – Begründung für die Ablehnung des sowjetischen Vorschlages ging es in den Verhandlungen zwischen den Westmächten zwecks Abstimmung ihrer Antworten. Auch die Hinzufügung des Stichworts „freie gesamtdeutsche Wahlen“ als Element des „Neutralisierungs“-Konzepts in der zweiten Note Stalins vom 9. April 1952 änderte nichts. Die von den Westmächten daran geknüpfte Bedingung einer Kontrolle durch Repräsentanten der Vereinten Nationen in allen bisherigen Besatzungszonen Deutschlands implizierte die Absage der Sowjetunion bereits, weil die damals von den USA dominierten Vereinten Nationen gegen das mit der Sowjetunion verbündete Nordkorea Krieg führten.

[13] Steininger (wie Anm. 12); G. Bucerius: Verpaßte Chancen für die Abwendung unserer Teilung? In: Die Zeit, 20.4.1984, S. 15; ders.: Dann wären nur Scherben geblieben ... In: Ebd., 29.11.1985, S. 15; M. Gräfin Dönhoff: Von der Schwäche starker Politik. In: Ebda., 21.3.1986, S. 3; G. Bucerius: Adenauer, Preußen und der Kreml. In: Ebd., 28.3.1986, S. 3. R. Steininger: „Mit jedem Schritt Adenauers wurde der Spielraum enger.“ In: Die Welt, 6.5.1986, S. 7; W. G. Grewe: Adenauer, Stalins Note und die deutsche Bewußtseinsspaltung. In: Ebd., 7.4.1986, S. 6; A. Hillgruber: Das Moment des Tragischen. In: Ebd., 20.5.1986, S. 9.

Es gab keine nationale Woge in der Bundesrepublik Deutschland zugunsten einer „Neutralisierungs"-Lösung, wie sie die Stalin-Noten vorschlugen. Nur eine kleine Gruppe von Publizisten (mit Paul Sethe in der FAZ als Wortführer) setzte sich vergeblich mit Nachdruck für eine Prüfung bzw. Sondierung der sowjetischen Ziele ein. Für ein „Ausloten" der Möglichkeiten sprachen sich nach der zweiten Note die SPD-Opposition, zuvor schon ein Teil der CDU/CSU-Fraktion aus, ebenfalls ohne damit eine Wirkung bei Adenauer zu erzielen. Mit der Unterzeichnung von Deutschland- und EVG-Vertrag am 26./27. Mai 1952 war eine wesentliche Etappe der westalliierten Deutschland- und Europa-Politik gemäß „Containment"-Konzeption erreicht.

Die Ablehnung der Initiative Stalins war auf Seiten Frankreichs aus leicht verständlichen Gründen (Unsicherheit über den Kurs eines „neutralisierten" „Gesamtdeutschlands" – „Rapallo-Komplex") fast einhellig gewesen.[14] Niemals hat es ja auch zwischen 1945 und 1955 einen Vorschlag zur „Neutralisierung" „Gesamtdeutschlands" von Seiten Frankreichs gegeben. Nur der sozialistische Präsident Vincent Auriol schrieb am 11. April 1952 an den Ministerpräsidenten Antoine Pinay einen Brief, in dem er sich behutsam über die Möglichkeit einer „Neutralisierung" Deutschlands äußerte.[15] Er hatte seit 1950 schon mehrfach seine von der überwiegenden Mehrheit der französischen Politiker und Parlamentarier abweichenden Vorstellungen hinsichtlich eines militärisch neutralen, entmilitarisierten „Gesamtdeutschlands" dargelegt, war aber bei Befürwortern wie Gegnern der EVG-Lösung in Frankreich stets auf Ablehnung gestoßen, blieb also mit seiner Haltung vollkommen isoliert.

In Großbritannien lagen die Dinge anders. Trotz ihrer „special relations" mit den USA hatte sich die britische Regierung nicht mit der völligen Unterordnung unter die weit überlegene Macht der USA abgefunden. Wohl war das Foreign Office – wie erwähnt – bereits seit Frühjahr 1946 auf das Ziel der Formierung eines „Westblocks" und einer deutschen „Weststaats"-Lösung zusammen mit den USA festgelegt, so daß der auf eine „Neutralisierungs"-Lösung ähnlich dem „Program A" von Kennan zielende Vorstoß des britischen Militärgouverneurs in Deutschland, Sir Brian Robertson, im Mai 1948 (kurz vor Beginn der Berlin-Blockade) ins Leere stieß, und daran hatte sich 1951 im Übergang von der Labour-Regierung unter Attlee zur konservativen Regierung unter dem nunmehr 77-jährigen Churchill mit Eden als Chef des britischen Außenministeriums nichts ge-

[14] Hierzu detailliert N. Meyer-Landrut: Die Haltung der französischen Regierung und Öffentlichkeit zur Stalin-Note vom 10. März 1952. Diss. phil. Köln 1987. – Allgemein E. Weisenfeld: Welches Deutschland soll es sein? Frankreich und die deutsche Einheit seit 1945. München 1986.

[15] V. Auriol: Journal du septennat 1947–1954. Tom VI: 1952. Ed.: D. Boché. Paris 1978, S. 270–272.

ändert.[16] Den Notenwechsel mit der Sowjetunion 1952 hatte Churchill – soweit es die britische Seite betraf – routinemäßig vom Foreign Office führen lassen. Der Tod Stalins am 5. März 1953 und die Veränderungen an der sowjetischen Führungsspitze waren für Churchill nun aber Anlaß, aus seiner Passivität in der Deutschland- und Europapolitik herauszutreten. In seinem lebenslangen Schwanken, ob er der deutschen oder der russischen Gefahr für die Stellung Großbritanniens in Europa das größere Gewicht beimessen solle, wechselte er nunmehr, damit zugleich das Eigengewicht Großbritanniens auch gegenüber den USA deutlich demonstrierend, von seiner in Fulton 1946 vertretenen und noch 1948 während der Berlin-Blockade und 1950 bei Beginn des Korea-Krieges wiederholten scharf antisowjetischen Position zu einem offen bekundeten Verständnis für das sowjetische Sicherheitsbedürfnis in Europa über – in einer Zeit, in der dies im „Westen", wie die heftigen Reaktionen des amerikanischen Präsidenten Eisenhower und Bundeskanzler Adenauers zeigten, eine bemerkenswerte Ausnahme darstellte. Als Eden Anfang April 1953 schwer erkrankte, übernahm Churchill, der damals meinte, „an einem Wendepunkt der Weltgeschichte" zu stehen, zusätzlich vertretungsweise auch das Foreign Office. In seiner großen außenpolitischen Rede vom 11. Mai 1953 setzte er sich klar von der Position der amerikanischen Regierung und von der bisher gemeinsam von den Westmächten und der Bundesregierung vertretenen Linie in der Deutschland- und Europa-Politik ab, plädierte für eine Konferenz mit der Sowjetunion im Stile von Jalta und Potsdam, wobei er sich von einem direkten Kontakt mit dem neuen sowjetischen Ministerpräsidenten Malenkow Entscheidendes versprach. In seiner Rede erkannte er nicht nur als erster westlicher Staatsmann die Sicherheitsinteressen der Sowjetunion öffentlich an, sondern verwies auch auf den Vertrag von Locarno als Beispiel eines Sicherheitssystems, das – wie 1925 für den Westen Europas – jetzt für den Osten eine Lösung des Sicherheitsproblems zu bringen vermöchte. Die dadurch ausgelöste Diskussion zwischen Churchill und den führenden Beamten des Foreign Office zeigte zum einen die Kontinuität des klassischen Gleichgewichts-Kurses der britischen Politik an – unbeschadet von allen tiefgreifenden Veränderungen in der Mächtekonstellation –, zum anderen das innerhalb weniger Jahre enorm gewachsene ‚Gewicht', das die Bundesrepublik Deutschland ökonomisch und politisch im Vergleich zu ihren Anfängen, also innerhalb von weniger als fünf Jahren, gewonnen hatte. Auch Churchills Preußen-Komplex schimmerte in seinen Stellungnahmen durch.

[16] R. Steininger: Ein vereinigtes unabhängiges Deutschland? Winston Churchill, der kalte Krieg und die deutsche Frage im Jahre 1953. In: Militärgeschichtliche Mitteilungen 36 (1984), S. 105–144; J. Foschepoth: Churchill, Adenauer und die Neutralisierung Deutschlands. In: Deutschland Archiv 12 (1984), S. 1286–1301.

Von einer „Neutralisierung" Deutschlands hatte Churchill in der Rede nichts verlauten lassen, doch die Beamten des Foreign Office warnten Churchill sogleich vor einer solchen Konsequenz:[17] „Eine Neutralisierung Deutschlands, wie es das Ziel der Sowjets ist, würde eine grundlegende Änderung der seit 1947 von den Alliierten verfolgten Politik bedeuten. Unser langfristiges Ziel, das wir zur Zeit verfolgen und dem sich auch Dr. Adenauer verschrieben hat, nämlich die Bundesrepublik und schließlich auch ein wiedervereinigtes Deutschland an den Westen zu binden, ist unvereinbar mit der in Potsdam festgelegten, von uns inzwischen öffentlich zurückgewiesenen Politik der Viermächtekontrolle eines neutralisierten Deutschlands. Der Preis für eine schnelle Lösung der deutschen Frage gemeinsam mit der Sowjetunion ist die Aufgabe unserer Politik." „Die Neutralisierung eines so mächtigen Landes wie Deutschland ... würde einen ständigen Zustand der Spannung und Unsicherheit in der Mitte Europas bedeuten." Noch deutlicher reagierte der Staatsminister im Foreign Office, Selwyn Lloyd, am 22. Juni 1953 auf Churchills noch *in statu nascendi* befindlichen „Neutralisierungs"-Plan:[18] „Deutschland ist der Schlüssel zum Frieden in Europa. Ein geteiltes Europa bedeutet ein geteiltes Deutschland. Deutschland wiederzuvereinigen, solange Europa geteilt ist, ist – falls machbar – gefährlich für uns alle. Deshalb fühlen wir alle – Dr. Adenauer, die Russen, die Amerikaner, die Franzosen und wir selbst – im Grunde unseres Herzens, daß ein geteiltes Deutschland fürs erste sicherer ist. Aber keiner von uns wagt es, dies wegen der Auswirkungen auf die öffentliche Meinung in Deutschland auch offen auszusprechen. Daher treten wir alle für ein vereintes Deutschland ein, jeder aufgrund seiner eigenen Bedingungen."

Dagegen nahm der seit dem 24. Juni durch einen Schlaganfall schon wieder weitgehend zur Passivität in der politischen Arena verurteilte Churchill in einem Memorandum vom 6. Juli Stellung:[19] „Nichts wird das deutsche Volk von der Einheit abbringen können. Wir müssen der Tatsache ins Auge sehen, daß es immer ‚ein deutsches Problem' und ‚eine preußische Gefahr' geben wird. Ich bin der Meinung, daß ein vereintes, unabhängiges Deutschland kein Verbündeter der Sowjetunion werden würde", weil – so Churchill – „der von Hitler gegen den Bolschewismus gelenkte Haß ... tief im Herzen der Deutschen sitze", weil das Schicksal der sowjetischen Zone einen „lehrreichen Anschauungsunterricht" über den Kommunismus biete und weil die Deutschen ihrem Charakter nach unter den „sklavischen Bedingungen in den kommunistischen Ländern" nicht leben könnten. Zweifellos hatte der Aufstand des 17. Juni 1953, den die Rote Armee gewaltsam unterdrückt

[17] Steininger (wie Anm. 12), S. 80.
[18] Ebd., S. 82.
[19] Ebd., S. 82. – Zum Schlaganfall Churchills am 24. 6. 1953: Churchill. Der Kampf ums Überleben 1940–1965. Aus dem Tagebuch seines Leibarztes Lord Moran. München 1967, S. 441ff.

hatte, hier Churchills Urteil mitgeprägt. Doch zu dem Treffen mit Malenkow und einer Konferenz im Stile von Jalta und Potsdam kam es nicht mehr. Eisenhower und Adenauer wandten sich entschieden gegen solche Absichten. Unterstützung hatte Churchill in Großbritannien bei seinen Überlegungen zu einer „Neutralisierung“ „Gesamtdeutschlands“ nur bei Feldmarschall Montgomery gefunden. Dieser sprach sich als Stellvertreter des NATO-Oberbefehlshabers auch noch im Herbst 1955, also Monate nach der Zäsur des Mai 1955, für die Vertretbarkeit eines wiedervereinigten Deutschlands ohne deutschen militärischen Bündnis-Beitrag und ohne amerikanische Bodentruppen in Deutschland aus,[20] was einer „Neutralisierung“ Deutschlands zumindest nahe gekommen wäre.

Als sich das Inkrafttreten des Deutschland- und des EVG-Vertrages wegen der noch fehlenden Ratifizierung durch Frankreich 1953/54 immer weiter hinauszögerte und schließlich das Vertragswerk durch die negative Entscheidung der französischen Nationalversammlung am 30. August 1954 vollends zu Fall kam, wiederholte die sowjetische Regierung unter Malenkow den Vorstoß Stalins vom März 1952 zur „Neutralisierung“ „Gesamtdeutschlands“ mehrfach in Noten an die Westmächte und auf der Berliner „Viermächte“-Außenministerkonferenz (Januar/ Februar 1954), wobei im Unterschied zu den Stalin-Noten von 1952 nun das Mitwirken der DDR-Regierung und der DDR-„Volkskammer“ beim Procedere der Wahlvorbereitungen für die „freien Wahlen“ bezeichnend für die geringer werdende Risikobereitschaft und vor allem für die minimalen Erwartungen auf positive Reaktionen der Westmächte waren. „Neutralisierung“ „Gesamtdeutschlands“ unter Viermächte-Aufsicht schälte sich als Kern in dem entscheidenden Gespräch Molotows mit dem britischen Außenminister Eden am 27. Januar 1954 heraus.[21] Auch im Vorfeld und dann gegenüber der im Herbst 1954 relativ rasch gefundenen Ersatzlösung für das gescheiterte EVG-Projekt in Gestalt eines Beitritts der Bundesrepublik zur NATO und zur erweiterten „Westeuropäischen Union“ änderte sich die sowjetische Haltung nicht. Das „Neutralisierungs“-Konzept der Regierung Malenkow wurde nicht, wie man vielleicht hätte erwarten können, attraktiver für die Westmächte gestaltet. Die im Februar 1952 als starke Bedrohung gedeutete NATO-Planung hatte sich inzwischen als keineswegs so rasant das militärische Kräfteverhältnis zugunsten „des Westens“ verschiebend erwiesen wie damals wohl angenommen. Einen letzten Versuch, die Ratifizierung der Pariser Verträge durch einen „Neutralisierungs“-Vorschlag wenn schon nicht mehr zu verhindern, so doch wenigstens noch zu verzögern, stellte die TASS-Erklärung vom 15. Januar

[20] Grewe (wie Anm. 12), S. 135.

[21] Hierzu detailliert H.-J. Rupieper: Die Berliner Außenministerkonferenz von 1954. Ein Höhepunkt der Ost-West-Propaganda oder die letzte Möglichkeit zur Schaffung der deutschen Einheit? In: Vierteljahrshefte für Zeitgeschichte 34 (1986), S. 428–453.

1955 dar:[22] „Das deutsche Volk muß durch die Abhaltung allgemeiner freier Wahlen in ganz Deutschland, einschließlich Berlins, die Möglichkeit haben, seinen freien Willen zu äußern, damit ein einheitliches Deutschland als Großmacht wiederersteht und einen würdigen Platz unter den anderen Mächten einnimmt." Das Wahlgesetz müsse unter Berücksichtigung der Wahlgesetze der Deutschen Demokratischen Republik und der „Deutschen Bundesrepublik" (!) ausgearbeitet werden. Wenn die Pariser Verträge nicht ratifiziert würden, könnten „gesamtdeutsche" Wahlen noch im Jahre 1955 durchgeführt werden. Die „Neutralisierung" war in dem Passus der Erklärung enthalten, in dem davon gesprochen wurde, daß „kein Teil Deutschlands durch irgendwelche Bedingungen von Separatabkommen über seine Teilnahme an militärischen Gruppierungen gebunden sein" dürfe. Am 8. Februar 1955 trat Ministerpräsident Malenkow, mit dessen Namen die letzten „Neutralisierungs"-Vorstöße verbunden waren, als sowjetischer Regierungschef zurück; Außenminister Molotow erklärte am gleichen Tage vor dem Obersten Sowjet, daß bei Inkrafttreten der Pariser Verträge die Wiedervereinigung Deutschlands auf lange Sicht unmöglich sein würde.

Für wie ungesichert die britische Regierung vor diesem Hintergrund die Situation in dieser Zeit hielt, ging aus einem „Grundsatzpapier" Außenminister Edens an die Kabinettsmitglieder vom 26. März 1955 hervor: „Solange Deutschland geteilt bleibt, wird die Bindung Westdeutschlands an die westliche Gruppe prekär bleiben. Man kann die gegenwärtige Lage in Europa, insbesondere in Deutschland, nicht anders betrachten denn als gefährlich ... Die deutsche Einheit steht jederzeit in der Macht der Russen. Wenn sie wollten, könnten die Sowjets sie den Deutschen schon morgen zu verführerischen Bedingungen anbieten ... Wenn wir (die Westmächte. A. H.) keine ernsthafte, auch von den Deutschen als ernsthaft angesehene Anstrengung zur Wiedervereinigung unternehmen, werden sie unruhig bleiben, und es wird kein Verlaß darauf sein, daß sie den russischen Schmeicheleien widerstehen werden."[23] Auf eben solche Anstrengungen hatten sich die Westmächte im Deutschland-Vertrag festgelegt, und dementsprechend erklärte Adenauer am Tage seines Inkrafttretens am 5. Mai 1955: „Ihr (die Deutschen in der DDR. A. H.) könnt Euch immer auf uns verlassen; denn gemeinsam mit der freien Welt werden wir nicht rasten und ruhen, bis auch Ihr die Menschenrechte wiedererlangt habt und mit uns friedlich vereint in einem Staate lebt."[24]

Die Ratifizierung der Verträge durch die Parlamente der Westmächte und der Bundesrepublik machte in sowjetischer Sicht den Weg zum Abschluß des „Staats-

[22] Hierzu D. Maxein: Sowjetische Deutschlandpolitik unter Malenkow (März 1953 bis Februar 1955). Mag.-Arbeit Köln 1986.

[23] Bericht „Die Archive geben die Sorgen Londons von 1955 frei". In: Die Welt, 4. 1. 1986, S. 3.

[24] K. Adenauer: Erinnerungen 1953–1955. Stuttgart 1966. S. 433.

vertrages" für Österreich frei, dessen Unterzeichnung von der Sowjetunion offen gehalten worden war, solange eine Lösung des Deutschland-Problems in ihrem Sinne noch nicht völlig ausgeschlossen schien. So gehören nun drei Daten des Mai 1955 auf das engste zusammen: die Aufnahme der für „souverän" erklärten Bundesrepublik Deutschland in die NATO und in die „Westeuropäische Union" am 5. Mai, die Unterzeichnung des Warschauer Pakts durch die Mitglieder des Ostblocks unter Einschluß der von der Sowjetunion schon im März 1954 für „souverän" erklärten DDR am 14. Mai und der Abschluß des österreichischen „Staatsvertrages" am 15. Mai in der Gewißheit, daß das souveräne Österreich, aus dem nunmehr die Besatzungstruppen abzogen, seine dauerhafte Neutralität nach Schweizer Muster, also seine Blockfreiheit zwischen Ost und West, erklärte. Es war damit eine Entscheidung darüber gefallen, daß es in Mitteleuropa nicht die „große" Lösung in Gestalt einer Zwischenzone „neutralisierter" Länder von Skandinavien im Norden bis nach Italien im Süden geben würde, wie dies in der Öffentlichkeit der „westlichen" Welt diskutiert und – wie es schien – auch von der Sowjetunion, jedenfalls seit der Stalin-Note von 1952, als Möglichkeit hingestellt worden war, sondern nur die „kleine" Lösung der immerwährenden Neutralität Österreichs. Lediglich der Hinweis auf „den deutschen Friedensvertrag" in Artikel 3 des „Staatsvertrages", in dem von einer Anerkennung des „Anschluß"-Verbots durch Deutschland in eben diesem Friedensvertrag die Rede war, ließ den bis zum Frühjahr 1955 zumindest in sowjetischer Sicht engen – wenngleich ursprünglich in anderer Weise anvisierten als jetzt realisierten – Zusammenhang zwischen einer Lösung des deutschen und des österreichischen Problems noch vage erkennen.

Angesichts der nunmehr vollzogenen Grundentscheidung zur Einbeziehung beider deutscher Teilstaaten in die Militärblöcke in West und Ost und zur isolierten Lösung der Österreich-Frage auf der Basis der Neutralität des Landes wirkten die Ausführungen des amerikanischen Präsidenten Eisenhower in einer Pressekonferenz drei Tage nach Abschluß des österreichischen Staatsvertrages, am 18. Mai 1955, wie eine Satire auf das eben Beschlossene.[25] Auf die Frage eines Korrespondenten der französischen Zeitung „Le Monde" nach seiner Einstellung zur Idee eines europäischen Neutralitätsgürtels antwortete der Präsident „vage und bedeutungsvoll" zugleich, „es scheine sich der Gedanke zu entwickeln, daß man eine Reihe von neutralisierten Staaten von Norden nach Süden durch Europa aufbauen könne. Wenn dies eine Neutralisierung nach dem Muster der Schweiz wäre, so würde dadurch ja kein militärisches Vakuum geschaffen".

Adenauer hatte bereits die Bereitschaft der Sowjetunion zum Abschluß des österreichischen „Staatsvertrages" als Ausgangspunkt für neue sowjetische Vorschläge zugunsten einer „bewaffneten Neutralität" weiterer Staaten in Mittel-

[25] Schwarz: Die Ära Adenauer (wie Anm. 12), S. 266f.

europa und eines „neutralen Gürtels" in Europa (fehl-)gedeutet und wandte sein Mißtrauen nach den Äußerungen Eisenhowers nun auch gegen die USA. Ziel Adenauers in dieser Situation war es, wie er sich auf einer Konferenz mit den eben nach der „Souveränitäts"-Erklärung der Bundesrepublik neu ernannten westdeutschen Botschaftern in Washington, London und Paris ausdrückte, diese Idee „tot zu machen". Mit der Erklärung des amerikanischen Außenministers Dulles, er habe nichts von Eisenhowers Äußerungen auf der Pressekonferenz gewußt, war diese erste, zwar kleine, aber für die noch ganz ungefestigte Position der aus dem Besatzungsverhältnis entlassenen Bundesrepublik bezeichnende Vertrauenskrise zwischen Adenauer und dem Hauptverbündeten, den USA, nach dem 5. Mai 1955 ausgestanden. Es blieb nicht die einzige aus den gleichen Anlässen: Äußerungen amerikanischer oder britischer Politiker und Parlamentarier zum Thema „Neutralisierung" Deutschlands durchziehen die folgenden Jahre,[26] ohne daß sich Folgerungen für die offizielle Politik der großen Mächte daraus ergeben hätten.

Wenden wir uns nun der Bilanz, dem Fazit aus dem Dargelegten zu und beginnen wir mit einigen elementaren Feststellungen, die aus der Sicht der Hauptsiegermächte USA und Sowjetunion maßgebend für ihre Entscheidung in der Frage Spaltung oder „Neutralisierung" „Gesamtdeutschlands" waren, falls sich die Einbeziehung des ganzen Deutschlands jeweils in die eigene Machtsphäre als nicht realisierbar erweisen sollte. Gemeinsame Überzeugung war, daß nach der zweimaligen kriegerischen Expansion Deutschlands in Europa, die nur unter größten Opfern hatte zum Scheitern gebracht werden können, eine nochmalige Wiederholung durch langfristig wirksame politische Maßnahmen gegen Deutschland und die Deutschen ausgeschlossen werden mußte.

Ein Grundproblem der „Deutschen Frage" lag seit jeher darin, daß es nicht sieben Millionen, sondern über 70 Millionen Deutsche waren, die in der Mitte Europas lebten; es waren *zu viele* Menschen, und es war daher ein zu großes Potential, als daß es wie die Schweiz oder Österreich relativ leicht in eine „neutrale" Rolle abseits der „Großen Politik" hätte verwiesen werden können; es waren andererseits demographisch *zu wenige*, um die Deutschen schon in früheren Epochen der europäischen Geschichte quasi-automatisch zu einer eindeutigen und unbestreitbaren Hegemonialmacht aufsteigen zu lassen wie etwa die USA auf dem amerikanischen Doppelkontinent. Es handelte sich vielmehr bei dem Potential der Deutschen um eine kritische Größenordnung, die in der Frage Gleichgewicht oder

[26] Hierzu H.-J. Rautenberg: Die Bundeswehr von der Gründung bis zu ihrer Konsolidierung (1955/56–1962). Thesen und Anmerkungen. In: A. Fischer (Hrsg.): Wiederbewaffnung in Deutschland nach 1945. (= Schriftenreihe der Gesellschaft der Deutschlandforschung. Bd. XII.). Berlin 1986, S. 125–142, hier: S. 133.

Hegemonie in Europa – gerade auch für andere europäische oder außereuropäische Mächte, die auf dem alten Kontinent eine Dominanz anstrebten – eine Schlüsselrolle spielte. Zentral war dabei für die anderen Mächte das Problem, wie man das deutsche Potential entweder ganz oder zum Teil fest an sich binden oder aber im Falle der „Neutralisierung“ so entschärfen könnte, daß es nicht wieder für Europa gefährlich werden konnte. Eng verbunden damit war die nun einmal gegebene geopolitische und geostrategische Lage Deutschlands in Mitteleuropa, zugespitzt nach 1945 durch die Art der Aufteilung Deutschlands in Besatzungszonen, die der Sowjetunion mit dem Besitz Sachsens und Thüringen sowie der preußischen Provinz Sachsen eine weit nach Westen über die Mitte Deutschlands hinaus vorgeschobene strategisch besonders wertvolle Position zugewiesen hatte, während die USA (und die beiden europäischen Westmächte) das nach der Abtrennung der Oder-Neiße-Gebiete ökonomisch bei weitem wichtigste Gebiet und den demographisch der sowjetischen Zone weit überlegenen Teil Deutschlands besetzt und zudem mit ihren Sektoren in der alten Reichshauptstadt Berlin einen politischen Ansatz und Ausstrahlungsbereich innerhalb der sowjetischen Einflußsphäre unter den verschiedensten Aspekten gewonnen hatten. Die geopolitische und geostrategische Situation war somit gleichsam ‚verkeilt‘. Sie erschwerte allen Beteiligten im Falle einer „Neutralisierung“ „Gesamtdeutschlands“ die Aufgabe der seit 1945 jeweils gehaltenen Positionen in Deutschland. Darüber hinaus hätte ein Rückzug der Besatzungstruppen aus Deutschland für die Sowjetunion, die dann hinter der Oder und Neiße oder auch hinter dem Bug Halt gemacht hätten, andere Konsequenzen nach sich gezogen als ein Rückzug der amerikanischen Truppen sei es auf verbleibende kleinere „Brückenköpfe“ am Ärmelkanal und an der europäischen Atlantik-Küste, sei es auf die britische Insel. In jedem Fall bedeutete eine Entscheidung zur „Neutralisierung“ „Gesamtdeutschlands“ eine Gewichtsverschiebung im Verhältnis West-Ost, da eine gleichmäßige Aufgabe von Positionen, die im Endeffekt nichts an der Relation geändert und daher alle Seiten gleichmäßig betroffen hätte, praktisch-politisch nicht möglich war. Dieses Problem der Gewichtsverschiebung verschärfte sich zudem mit wachsendem Abstand vom Kriegsende. Mochte 1945 das weithin zerstörte Deutschland mit seiner darnieder liegenden Wirtschaft, seinen Versorgungsnöten, den Vertriebenen- und Flüchtlingssorgen als ein Gebiet erscheinen, über dessen fortdauernde Niederhaltung auf niedrigstem Niveau man sich im Zuge einer „Neutralisierungs“-Lösung noch vergleichsweise leicht hätte einigen können – den gemeinsamen Willen dazu einmal vorausgesetzt –, so veränderten der in Westdeutschland durch Währungsreform und Marshall-Plan-Hilfe nach 1948 unerwartet rasch in Gang kommende Wiederaufbau und das bald schon wieder beachtliche ökonomische und das – nach den Erfahrungen des Zweiten Weltkrieges hoch, wohl allzu hoch eingeschätzte – militärische Potential Westdeutschlands die Situation grundlegend. Ein „Neutralisierungs“-Vorschlag der

Sowjetunion 1945 oder 1946 hätte folglich einen ganz anderen „Stellenwert“ in der internationalen Politik gehabt als der Vorstoß im Jahre 1952, von den späteren Jahrzehnten, die hier außer Betracht bleiben müssen, als die Bundesrepublik zu einem der führenden Industriestaaten der Welt aufgestiegen war, ganz zu schweigen. Endlich war auch in der Zeit der Kooperation der Mächte der „Anti-Hitler-Koalition“ das tiefsitzende Mißtrauen zwischen Ost und West gegeneinander nicht überwunden worden; es brach 1945 bereits *vor* der deutschen Kapitulation wieder auf. Varianten einer „westlichen“ Appeasement-Politik, um die Deutschen ins „westliche“ Lager zu ziehen, waren Gegenstand fortdauernden und sich nach der Wendung der amerikanischen Europa- und Deutschlandpolitik 1947 bald ins Maßlose steigernden sowjetischen Mißtrauens, so wie auf „westlicher“ Seite der „Rapallo-Komplex“ und die Erinnerung an den Hitler-Stalin-Pakt, der Verdacht auf ein mögliches neues Zusammengehen der Sowjetunion mit den Deutschen in anti-„westlicher“ Stoßrichtung Fixpunkte in den dort herrschenden Befürchtungen waren. „Neutralisierungs“-Pläne welcher Seite auch immer waren mit der Unterstellung behaftet, daß der Initiator die bestehende Situation und Konstellation in Europa offen oder versteckt, kurz- oder langfristig zu eigenen Gunsten verschieben wollte. Dem Historiker stellt sich, wenn er alle diese Aspekte Revue passieren läßt, unweigerlich die Frage, ob unter solchen Bedingungen überhaupt eine einvernehmliche, ausgewogene, keine Seite übervorteilende Lösung des Deutschland-Problems durch die Hauptsiegermächte auf der Basis einer „Neutralisierung“ „Gesamtdeutschlands“ im Raum zwischen Aachen und der Oder-Neiße-Linie möglich gewesen wäre.

Zieht man das Wollen der Deutschen mit in die Betrachtung ein, dann kompliziert sich das Problem noch weiter. Von dem Byrnes-Plan 1945/46 erfuhren die Deutschen nur wenig, wenn, dann vor allem etwas im Hinblick auf die vorgesehene 25-jährige bzw. 40-jährige Entmilitarisierung „Gesamtdeutschlands“. Die darin einbeschlossene „Neutralisierungs“-Konzeption blieb hingegen den Zeitgenossen verborgen. Auch interessierte sich 1945/46 bei den Hauptsiegermächten kaum jemand genauer für die Wünsche der Deutschen hinsichtlich ihrer nationalen Zukunft – sieht man einmal von den generellen Befürchtungen vor einem deutschen Nationalismus ab. Das „Program A“ Kennans 1948 hätte – wenn es frühzeitig bekannt geworden wäre – vielleicht Begeisterung bei den Deutschen in allen Besatzungszonen ausgelöst, da eine Verwirklichung des Plans sie aus den Nöten der Berlin-Blockade und der damals mit äußerster Reserve beurteilten „Weststaats“-Pläne der westlichen Alliierten befreit hätte, zumal da das Projekt als Fernziel die Einbeziehung ganz Deutschlands in den „westlichen“ Bereich hatte durchschimmern lassen. Vielleicht hätte aber auch die Ablehnung dominiert, da der Verlust der deutschen Ostgebiete, den „Program A“ ‚festschreiben‘ wollte, damals noch den meisten Deutschen inakzeptabel erschien. Doch, wie erwähnt, blieb es bei einem schon im Department of State intern abgelehnten Entwurf Kennans; die für einen Augenblick möglich erscheinende Wiederholung der internationalen Konstellation von 1920, der Fortbestand bzw. die Wiederherstellung eines, wenn auch geschwächten, „Gesamtdeutschlands" und ein Abdrängen der Sowjetunion hinter einen – wieder in die ‚richtige' Richtung gewendeten – *Cordon Sanitaire*, ließ sich nicht in die Wirklichkeit umsetzen.

Die Stalin-Note vom 10. März 1952 und die folgenden sowjetischen Initiativen gleicher Tendenz bis Januar 1955 standen anders als Byrnes-Plan und „Program A" im Rampenlicht der Öffentlichkeit, gerade auch in Deutschland. Die sowjetischen Vorstöße zu einer „Neutralisierung" des verkleinerten „Gesamtdeutschlands" fanden in einer Zeit statt, in der sich die überwiegende Mehrheit der Deutschen bereits für eine Westbindung entschieden hatte und in der sie – bei mancher Kritik an Adenauer im einzelnen – prinzipiell seiner Zielsetzung folgte, die Wiedervereinigung Deutschlands unter „westlichen" Vorzeichen anzustreben und danach „Gesamtdeutschland" fest in den Westblock einzufügen. Die Stimmen derer, die am Erfolg dieser Westpolitik zugunsten einer deutschen Wiedervereinigung zweifelten und statt dessen eine „Neutralisierung" Deutschlands als die aussichtsreichere Lösung zur Verhinderung einer langfristigen Spaltung der Nation ansahen, verhallten, ohne ein breiteres Echo zu finden. Das galt für Ulrich Noack und seinen „Nauheimer Kreis" ebenso wie für Gustav Heinemann und seine „Gesamtdeutsche Volkspartei", für die Publizisten Paul Sethe und Karl Silex wie für die Diplomaten Karl Georg Pfleiderer und Richard Meyer von Achenbach,[27] schließlich auch für die „Paulskirchenbewegung" 1955. Ihrer aller leidenschaftliches Bemühen um den Erhalt der nationalen Einheit in einem „neutralisierten" „Gesamtdeutschland" knüpfte gewiß an die Tradition des machtpolitischen „Eigenweges" Preußen-Deutschlands zwischen Ost und West an, doch wollten sie diese Linie gewiß nicht im Sinne des alten machtpolitischen „Königsweges" als Ausgangspunkt für einen abermaligen Aufstieg Deutschlands zur Führungsmacht in Europa beschreiten. Im Gegenteil: ihnen erschien die Erschöpfung der deutschen Nation nach den Überanstrengungen der Weltkriege und nach dem Mißbrauch des nationalen Bewußtseins durch Hitler und den Nationalsozialismus viel zu groß, um nun bereits wieder ins Spiel der „großen Politik", jetzt in den Dienst der Führungsmächte in West oder Ost, gebracht zu werden. Anders als für manche, die sich seit den siebziger Jahren für den „Neutralisierungs"-Gedanken engagierten, galt für die Genannten ein „neutralisiertes" Gesamtdeutschland nicht als eine Idylle, als eine Art „großer Schweiz", sondern war Ausdruck ihres Willens zur Bewahrung der nationalen Schicksalsgemeinschaft der Deutschen in schwerer Zeit.

[27] R. Meyer von Achenbach: Gedanken über eine konstruktive Ostpolitik. Eine unterdrückte Denkschrift aus dem Jahr 1953. Hrsg. von J. H. Schoeps. Frankfurt a. M. 1986.

Hatten die Siegermächte, vor allem die „westlichen", in den ersten Jahren nach 1945 die Fortdauer eines starken deutschen Nationalismus allzu hoch eingeschätzt und ihn ihrerseits als Begründung für ihre „Neutralisierungs"-Projekte mit angeführt, so zeigte das Verhalten der überwiegenden Mehrheit der Westdeutschen nach 1952, daß ihr 1948/49 zustandegekommener politisch-geistiger Grundlagen-‚Pakt' mit den aus der Besatzungsmacht zur Schutzmacht gewordenen USA inzwischen eine feste Basis darstellte, von der aus Adenauer seine Politik der Westintegration der Bundesrepublik unter Hinnahme der Spaltung Deutschlands auf unabsehbare Zeit über alle Krisen hinweg steuern konnte, ohne mit einer breiten Gegenbewegung rechnen zu müssen, die die „Neutralisierung" zur Rettung der Einheit der Nation auf ihre Fahnen geschrieben hätte.

So entsprach der Risikoscheu der Siegermächte, die befürchteten, durch eine „Neutralisierung" „Gesamtdeutschlands" vom jeweiligen weltpolitischen Kontrahenten aus wertvollen Positionen in Deutschland gedrängt zu werden, die Risikoscheu der überwiegenden Mehrheit der Westdeutschen, die vor allem Sicherheit im Bündnis mit den Westmächten suchte, die sich ihrerseits institutionell und vertraglich gegen die Neuauflage eines zunächst westdeutschen, schließlich dann – so fürchteten sie – „gesamtdeutschen" Eigenweges zu sichern suchten. So schien durch die Art und Weise, wie die Spaltung Rest-Deutschlands vollzogen wurde, am besten das deutsche und russische Doppelproblem, vor dem die USA (und mit ihnen die europäischen Westmächte) seit 1945 standen, gelöst, eine Wiederholung von „Rapallo" nach menschlicher Voraussicht verhindert. In Adenauers Westintegrationspolitik spiegelte sich im zweifachen Sinne ein Primat der Sicherheit: Sicherheit der Bundesrepublik vor einer Expansion der Sowjetunion nach Westen und Sicherheit der Deutschen gleichsam vor sich selbst, vor einem von ihm trotz aller gegenteiligen Zeitstimmungen in Deutschland früher oder später doch befürchteten Rückfall der Deutschen in den Nationalismus.

Ob für die Sowjetunion in der Stalin bedrohlich erscheinenden Konstellation des Frühjahrs 1952 eine „Neutralisierung" „Gesamtdeutschlands" die vorzuziehende Lösung des Deutschland-Problems gegenüber der Integration des wesentlich größeren westlichen Teils Deutschlands in den Westblock darstellte, muß trotz mancher Aspekte, die dafür sprechen, weiter offen bleiben. 1954/55 sah die Situation dann jedenfalls für die Sowjetunion bei weitem schon nicht mehr so ernst aus, daß sie mit einem noch weiter gehenden „Angebot" hätte hervortreten und der Tendenz zur langfristigen Spaltung Deutschlands mit der Integration der Bundesrepublik in den nun allerdings lockerer als 1952 gefügten Westblock hätte massiver entgegentreten müssen. Die feste Einfügung Westdeutschlands in den von den USA geführten NATO-Block, der prinzipiell auf einer Defensivstrategie der in ihm zusammengeschlossenen souveränen Staaten festgelegt war, hatte auch den Vorteil, eine Wiederholung des 22. Juni 1941 unter besseren Voraussetzungen für den Angreifer als damals, nämlich mit Unterstützung der amerikanischen Nuklearmacht, das sowjetische Nachkriegs-Trauma schlechthin, weitestgehend auszuschließen. Die Realisierung der NATO-Lösung für die Bundesrepublik nach dem Scheitern der EVG band andererseits zwar die USA noch fester in die Deutschlandproblematik ein, erleichterte aber auch Absprachen von Weltmacht zu Weltmacht in Mitteleuropa über die Sonderinteressen der Deutschen wie der Europäer insgesamt hinweg.

Für den Zeitraum *nach* der Grundentscheidung von Mai 1955 entsprach das eingangs zitierte Wort des Außenministers Dulles zu Willy Brandt in der Berlin-Krise 1959 voll der Interessenlage beider Supermächte; dieser resümierte sie mit der Bemerkung, daß es wohl „so etwas wie eine stille Übereinkunft zwischen Moskau und Washington über die Respektierung der Einflußsphären in Europa“ gebe, was die Hinnahme der Spaltung Deutschlands auf sehr lange Zeit einschloß.[28] Sie war spätestens dann für alle Beteiligten zur ‚sichersten‘ Lösung geworden, als die anfangs noch sehr hoch eingeschätzte Gefahr eines extremen deutschen Nationalismus, der dagegen aufbegehrt hätte und den die eine oder die andere Führungsmacht hätte in ihren Dienst nehmen können, als gebannt galt. Dies schien Mitte 1955 in einem in den ersten Nachkriegsjahren nicht für möglich gehaltenen Maße der Fall zu sein. Die deklamierte Zielsetzung einer Wiedervereinigung „in Frieden und Freiheit“ im Bunde mit den Westmächten trug wesentlich dazu bei, in den ersten Jahren nach der Grundentscheidung von 1955 die Einsicht in die Langfristigkeit der Spaltung zu verdecken und zu verdrängen, bis am 13. August 1961 die Stunde der Wahrheit schlug.

[28] Brandt (wie Anm. 1), S. 84.

Veröffentlichungen der Rheinisch-Westfälischen Akademie der Wissenschaften

Neuerscheinungen 1976 bis 1987

Vorträge G Heft Nr.		GEISTESWISSENSCHAFTEN
206	*Eduard Hegel, Bonn*	Die katholische Kirche Deutschlands unter dem Einfluß der Aufklärung des 18. Jahrhunderts
207	*Friedrich Ohly, Münster*	Der Verfluchte und der Erwählte. Vom Leben mit der Schuld
208	*Siegfried Herrmann, Bochum*	Ursprung und Funktion der Prophetie im alten Israel
209	*Theodor Schieffer, Köln*	Krisenpunkte des Hochmittelalters Jahresfeier am 7. Mai 1975
210	*Ulrich Scheuner, Bonn*	Die Vereinten Nationen als Faktor der internationalen Politik
211	*Heinrich Dörrie, Münster*	Von Platon zum Platonismus Ein Bruch in der Überlieferung und seine Überwindung
212	*Karl Gustav Fellerer, Köln*	Der Akademismus in der deutschen Musik des 19. Jahrhunderts
213	*Hans Kauffmann, Bonn*	Probleme griechischer Säulen
214	*Ivan Dujčev, Sofia*	Heidnische Philosophen und Schriftsteller in der alten bulgarischen Wandmalerei
215	*Bruno Lewin, Bochum*	Der koreanische Anteil am Werden Japans
216	*Tilemann Grimm, Tübingen*	Meister Kung Zur Geschichte der Wirkungen des Konfuzius
217	*Harald Weinrich, Bielefeld*	Für eine Grammatik mit Augen und Ohren, Händen und Füßen – am Beispiel der Präpositionen
218	*Roman Jakobson, Cambridge, Mass.*	Der grammatische Aufbau der Kindersprache
219	*Jan Öberg, Stockholm*	Das Urkundenmaterial Skandinaviens Bestände, Editionsvorhaben, Erforschung
220	*Werner Beierwaltes, Freiburg i. Br.*	Identität und Differenz. Zum Prinzip cusanischen Denkens
221	*Walter Hinck, Köln*	Vom Ausgang der Komödie. Exemplarische Lustspielschlüsse in der europäischen Literatur
222	*Heinz Hürten, Freiburg i. Br.*	Reichswehr und Ausnahmezustand. Ein Beitrag zur Verfassungsproblematik der Weimarer Republik in ihrem ersten Jahrfünft
223	*Bernhard Kötting, Münster*	Religionsfreiheit und Toleranz im Altertum Jahresfeier am 18. Mai 1977
224	*Karl J. Narr, Münster*	Zeitmaße in der Urgeschichte
225	*Karl Eduard Rothschuh, Münster*	Iatromagie: Begriff, Merkmale, Motive, Systematik
226	*Samuel R. Spencer jr., Davidson*	Die amerikanische Stimmung im Jahr des Janus
227	*Paul Mikat, Düsseldorf*	Dotierte Ehe – rechte Ehe. Zur Entwicklung des Eheschließungsrechts in fränkischer Zeit
228	*Herbert Franke, München*	Nordchina am Vorabend der mongolischen Eroberungen: Wirtschaft und Gesellschaft unter der Chin-Dynastie (1115–1234)
229	*András Mócsy, Budapest*	Zur Entstehung und Eigenart der Nordgrenzen Roms
230	*Heinrich Dörrie, Münster*	Sinn und Funktion des Mythos in der griechischen und der römischen Dichtung
231	*Jean Bingen, Brüssel*	Le Papyrus Revenue Laws – Tradition grecque et Adaptation hellénistique
232	*Niklas Luhmann, Bielefeld*	Organisation und Entscheidung
233	*Louis Reekmans, Leuven*	Die Situation der Katakombenforschung in Rom
234	*Josef Pieper, Münster*	Was heißt Interpretation?
235	*Walther Heissig, Bonn*	Die Zeit des letzten mongolischen Großkhans Ligdan (1604–1634)
236	*Alf Önnerfors, Köln*	Die Verfasserschaft des Waltharius-Epos aus sprachlicher Sicht
237	*Walther Heissig, Bonn*	Die mongolischen Heldenepen – Struktur und Motive
238	*Günther Stökl, Köln*	Osteuropa – Geschichte und Politik Jahresfeier am 23. Mai 1979
239	*Wilhelm Weber, Münster*	Geld, Glaube, Gesellschaft
240	*Giovanni Nencioni, Florenz*	Lessicografia e Letteratura Italiana
241	*Arno Esch, Bonn*	Zur Situation der zeitgenössischen englischen Lyrik

242	*Otto Pöggeler, Bochum* *Heinz Breuer, Bonn*	Fragen der Forschungspolitik
243	*Klaus Stern, Köln*	Verfassungsgerichtsbarkeit zwischen Recht und Politik
244	*Klaus W. Niemöller, Münster*	Der sprachhafte Charakter der Musik
245	*Jürgen Untermann, Köln*	Trümmersprachen zwischen Grammatik und Geschichte
246	*Clemens Menze, Köln*	Leibniz und die neuhumanistische Theorie der Bildung des Menschen
247	*Helmut Schelsky, Münster*	Die juridische Rationalität
248	*Ulrich Scheuner, Bonn*	Der Beitrag der deutschen Romantik zur politischen Theorie
249	*Georg Kauffmann, Münster*	Zum Verhältnis von Bild und Text in der Renaissance
250	*Rudolf Kassel, Köln*	Dichtkunst und Versifikation bei den Griechen
251	*Hans Schadewaldt, Düsseldorf*	Idiosynkrasie, Anaphylaxie, Allergie, Atopie – Ein Beitrag zur Geschichte der Überempfindlichkeitskrankheiten
252	*Walter Hinck, Köln*	Haben wir heute vier deutsche Literaturen oder *eine?* Plädoyer in einer Streitfrage
		Jahresfeier am 13. Mai 1981
253	*Heinz Gollwitzer, Münster*	Vorüberlegungen zu einer Geschichte des politischen Protestantismus nach dem konfessionellen Zeitalter
254	*Martin Honecker, Bonn*	Evangelische Theologie vor dem Staatsproblem
255	*Paul Mikat, Düsseldorf*	Rechtsprobleme der Schlüsselgewalt
256	*Ernst Dassmann, Bonn*	Paulus in frühchristlicher Frömmigkeit und Kunst
257	*Reinhold Merkelbach, Köln*	Weihegrade und Seelenlehre der Mithrasmysterien
258	*Bruno Lewin, Bochum*	Sprachbetrachtung und Sprachwissenschaft im vormodernen Japan
259	*Boris Meissner, Köln*	Das Verhältnis von Partei und Staat im Sowjetsystem
260	*Hans-Rudolf Schwyzer, Zürich*	Ammonios Sakkas, der Lehrer Plotins
261	*Eugen Ewig, Bonn*	Die Merowinger und das Imperium
262	*Armin Kaufmann, Bonn*	Die Aufgabe des Strafrechts
263	*Gerard Verbeke, Leuven*	Avicenna, Grundleger einer neuen Metaphysik
264	*Roger Goepper, Köln*	Das Kultbild im Ritus des esoterischen Buddhismus Japans
265	*Paul Mikat, Düsseldorf*	Zur Diskussion um die Lehre vom Vorrang der effektiven Staatsangehörigkeit
266	*Gerhard Kegel, Köln*	Haftung für Zufügung seelischer Schmerzen
		Jahresfeier am 11. Mai 1983
267	*Hans Rothe, Bonn*	Religion und Kultur in den Regionen des russischen Reiches im 18. Jahrhundert
268	*Paul Mikat, Düsseldorf*	Doppelbesetzung oder Ehrentitulatur – Zur Stellung des westgotisch-arianischen Episkopates nach der Konversion von 587/89
269	*Andreas Kraus, München*	Die *Acta Pacis Westphalicae*
270	*Gerhard Ebeling, Zürich*	Lehre und Leben in Luthers Theologie
271	*Theodor Schieder, Köln*	Über den Beinamen „der Große" – Reflexionen über historische Größe
272	*J. Nicolas Coldstream, London*	The Formation of the Greek Polis: Aristotle and Archaeology
273	*Walter Hinck, Köln*	Das Gedicht als Spiegel der Dichter. Zur Geschichte des deutschen poetologischen Gedichts
274	*Erich Meuthen, Köln*	Das Basler Konzil als Forschungsproblem der europäischen Geschichte
275	*Hansjakob Seiler, Köln*	Sprache und Gegenstand
276	*Gustav Adolf Lehmann, Köln*	Die mykenisch-frühgriechische Welt und der östliche Mittelmeerraum in der Zeit der „Seevölker"-Invasionen um 1200 v. Chr.
277	*Andreas Hillgruber, Köln*	Der Zusammenbruch im Osten 1944/45 als Problem der deutschen Nationalgeschichte und der europäischen Geschichte
278	*Niklas Luhmann, Bielefeld*	Kann die moderne Gesellschaft sich auf ökologische Gefährdungen einstellen?
		Jahresfeier am 15. Mai 1985
279	*Joseph Ratzinger, Rom*	Politik und Erlösung. Zum Verhältnis von Glaube, Rationalität und Irrationalem in der sogenannten Theologie der Befreiung
280	*Hermann Hambloch, Münster*	Der Mensch als Störfaktor im Geosystem
281	*Reinhold Merkelbach, Köln*	Mani und sein Religionssystem
282	*Walter Mettmann, Münster*	Die volkssprachliche apologetische Literatur auf der Iberischen Halbinsel im Mittelalter
283	*Hans-Joachim Klimkeit, Bonn*	Die Begegnung von Christentum, Gnosis und Buddhismus an der Seidenstraße
284	*2. Akademie-Forum* *Wolfgang Kluxen, Bonn* *Rudolf Schulten, Aachen/Jülich*	Technik und Ethik Ethik für die technische Welt: Probleme und Perspektiven Maßstäbe aus der Natur für technisches Handeln
285	*Hermann Lübbe, Zürich*	Die Wissenschaften und ihre kulturellen Folgen. Über die Zukunft des *common sense*
286	*Andreas Hillgruber, Köln*	Alliierte Pläne für eine „Neutralisierung" Deutschlands 1945–1955

ABHANDLUNGEN

Band Nr.		
50	*Walther Heissig (Hrsg.), Bonn*	Schriftliche Quellen in Moġolī. 1. Teil: Texte in Faksimile
51	*Thea Buyken, Köln*	Die Constitutionen von Melfi und das Jus Francorum
52	*Jörg-Ulrich Fechner, Bochum*	Erfahrene und erfundene Landschaft. Aurelio de'Giorgi Bertòlas Deutschlandbild und die Begründung der Rheinromantik
53	*Johann Schwartzkopff (Red.), Bochum*	Symposium ‚Mechanoreception'
54	*Richard Glasser, Neustadt a. d. Weinstr.*	Über den Begriff des Oberflächlichen in der Romania
55	*Elmar Edel, Bonn*	Die Felsgräbernekropole der Qubbet el Hawa bei Assuan. II. Abteilung: Die althieratischen Topfaufschriften aus den Grabungsjahren 1972 und 1973
56	*Harald von Petrikovits, Bonn*	Die Innenbauten römischer Legionslager während der Prinzipatszeit
57	*Harm P. Westermann u. a., Bielefeld*	Einstufige Juristenausbildung. Kolloquium über die Entwicklung und Erprobung des Modells im Land Nordrhein-Westfalen
58	*Herbert Hesmer, Bonn*	Leben und Werk von Dietrich Brandis (1824–1907) – Begründer der tropischen Forstwirtschaft. Förderer der forstlichen Entwicklung in den USA. Botaniker und Ökologe
59	*Michael Weiers, Bonn*	Schriftliche Quellen in Moġolī, 2. Teil: Bearbeitung der Texte
60	*Reiner Haussherr, Bonn*	Rembrandts Jacobssegen Überlegungen zur Deutung des Gemäldes in der Kasseler Galerie
61	*Heinrich Lausberg, Münster*	Der Hymnus ›Ave maris stella‹
62	*Michael Weiers, Bonn*	Schriftliche Quellen in Moġolī, 3. Teil: Poesie der Mogholen
63	*Werner H. Hauss, Münster* *Robert W. Wissler, Chicago,* *Rolf Lehmann, Münster*	International Symposium 'State of Prevention and Therapy in Human Arteriosclerosis and in Animal Models'
64	*Heinrich Lausberg, Münster*	Der Hymnus ›Veni Creator Spiritus‹
65	*Nikolaus Himmelmann, Bonn*	Über Hirten-Genre in der antiken Kunst
66	*Elmar Edel, Bonn*	Die Felsgräbernekropole der Qubbet el Hawa bei Assuan. Paläographie der althieratischen Gefäßaufschriften aus den Grabungsjahren 1960 bis 1973
67	*Elmar Edel, Bonn*	Hieroglyphische Inschriften des Alten Reiches
68	*Wolfgang Ehrhardt, Athen*	Das Akademische Kunstmuseum der Universität Bonn unter der Direktion von Friedrich Gottlieb Welcker und Otto Jahn
69	*Walther Heissig, Bonn*	Geser-Studien. Untersuchungen zu den Erzählstoffen in den „neuen" Kapiteln des mongolischen Geser-Zyklus
70	*Werner H. Hauss, Münster* *Robert W. Wissler, Chicago*	Second Münster International Arteriosclerosis Symposium: Clinical Implications of Recent Research Results in Arteriosclerosis
71	*Elmar Edel, Bonn*	Die Inschriften der Grabfronten der Siut-Gräber in Mittelägypten aus der Herakleopolitenzeit
72	*(Sammelband)*	Studien zur Ethnogenese
	Wilhelm E. Mühlmann	Ethnogonie und Ethnogenese
	Walter Heissig	Ethnische Gruppenbildung in Zentralasien im Licht mündlicher und schriftlicher Überlieferung
	Karl J. Narr	Kulturelle Vereinheitlichung und sprachliche Zersplitterung: Ein Beispiel aus dem Südwesten der Vereinigten Staaten
	Harald von Petrikovits	Fragen der Ethnogenese aus der Sicht der römischen Archäologie
	Jürgen Untermann	Ursprache und historische Realität. Der Beitrag der Indogermanistik zu Fragen der Ethnogenese
	Ernst Risch	Die Ausbildung des Griechischen im 2. Jahrtausend v. Chr.
	Werner Conze	Ethnogenese und Nationsbildung – Ostmitteleuropa als Beispiel
73	*Nikolaus Himmelmann, Bonn*	Ideale Nacktheit
74	*Alf Önnerfors, Köln*	Willem Jordaens, Conflictus virtutum et viciorum. Mit Einleitung und Kommentar
75	*Herbert Lepper, Aachen*	Die Einheit der Wissenschaften: Der gescheiterte Versuch der Gründung einer „Rheinisch-Westfälischen Akademie der Wissenschaften" in den Jahren 1907 bis 1910
76	*Werner H. Hauss, Münster* *Robert W. Wissler, Chicago* *Jörg Grünwald, Münster*	Fourth Münster International Arteriosclerosis Symposium: Recent Advances in Arteriosclerosis Research

Sonderreihe PAPYROLOGICA COLONIENSIA

Vol. I

Aloys Kehl, Köln — Der Psalmenkommentar von Tura, Quaternio IX

Vol. II

Erich Lüddeckens, Würzburg,
P. Angelicus Kropp O. P., Klausen,
Alfred Hermann und Manfred Weber, Köln — Demotische und Koptische Texte

Vol. III

Stephanie West, Oxford — The Ptolemaic Papyri of Homer

Vol. IV

Ursula Hagedorn und Dieter Hagedorn, Köln,
Louise C. Youtie und Herbert C. Youtie, Ann Arbor — Das Archiv des Petaus (P. Petaus)

Vol. V

Angelo Geißen, Köln
Wolfram Weiser, Köln — Katalog Alexandrinischer Kaisermünzen der Sammlung des Instituts für Altertumskunde der Universität zu Köln
Band 1: Augustus-Trajan (Nr. 1–740)
Band 2: Hadrian-Antoninus Pius (Nr. 741–1994)
Band 3: Marc Aurel-Gallienus (Nr. 1995–3014)
Band 4: Claudius Gothicus – Domitius Domitianus, Gau-Prägungen, Anonyme Prägungen, Nachträge, Imitationen, Bleimünzen (Nr. 3015–3627)
Band 5: Indices zu den Bänden 1 bis 4

Vol. VI

J. David Thomas, Durham — The epistrategos in Ptolemaic and Roman Egypt
Part 1: The Ptolemaic epistrategos
Part 2: The Roman epistrategos

Vol. VII — Kölner Papyri (P. Köln)

Bärbel Kramer und Robert Hübner (Bearb.), Köln — Band 1
Bärbel Kramer und Dieter Hagedorn (Bearb.), Köln — Band 2
Bärbel Kramer, Michael Erler, Dieter Hagedorn und Robert Hübner (Bearb.), Köln — Band 3
Bärbel Kramer, Cornelia Römer und Dieter Hagedorn (Bearb.), Köln — Band 4
Michael Gronewald, Klaus Maresch und Wolfgang Schäfer (Bearb.), Köln — Band 5

Vol. VIII

Sayed Omar (Bearb.), Kairo — Das Archiv des Soterichos (P. Soterichos)

Vol. IX — Kölner ägyptische Papyri (P. Köln ägypt.)

Dieter Kurth, Heinz-Josef Thissen und Manfred Weber (Bearb.), Köln — Band 1

Vol. X

Jeffrey S. Rusten, Cambridge, Mass. — Dionysius Scytobrachion

Vol. XI

Wolfram Weiser, Köln — Katalog der Bithynischen Münzen der Sammlung des Instituts für Altertumskunde der Universität zu Köln
Band 1: Nikaia. Mit einer Untersuchung der Prägesysteme und Gegenstempel

Vol. XII

Colette Sirat, Paris u. a. — La *Ketouba* de Cologne. Un contrat de mariage juif à Antinoopolis

Vol. XIII

Peter Frisch, Köln — Zehn agonistische Papyri

Verzeichnisse sämtlicher Veröffentlichungen der
Rheinisch-Westfälischen Akademie der Wissenschaften können beim
Westdeutschen Verlag GmbH, Postfach 30 06 20, 5090 Leverkusen 3 (Opladen),
angefordert werden

GPSR Compliance

The European Union's (EU) General Product Safety Regulation (GPSR) is a set of rules that requires consumer products to be safe and our obligations to ensure this.

If you have any concerns about our products, you can contact us on ProductSafety@springernature.com

In case Publisher is established outside the EU, the EU authorized representative is:

Springer Nature Customer Service Center GmbH
Europaplatz 3
69115 Heidelberg, Germany

Batch number: 10809636

Printed by Printforce, the Netherlands